★ はじめに　―おうちの方、指導をする方へ―

プログラミングを通して身に付く論理的な考え方をプログラミング的思考といいます。今、この思考を育むプログラミング教育が世界中で大きな注目を浴びています。日本でも2020年から小学校でプログラミング教育がスタートします。注意したいのは、この教育の目的は「プログラミングができるようになること」ではない点です。

人々が社会で直面する様々な問題の解決にあたり、適切な手段と効率的な手順を自ら考え、選ぶ習慣を子どもたちに身に付けさせることこそが、この教育の狙いなのです。

プログラミング的思考を学ぶには、実際にプログラミングしながら思考を鍛えるのがもっとも近道です。

本書で扱っているScratchは、ブロックを組み合わせるだけで簡単にゲームやアニメーションなどのプログラムを作成できます。Scratchで作るプログラムは、ブロックの種類や順番、数値などを変えると様々に変化していきます。子どもたちは自らのアイデアを試し、工夫をこらすことで想像の枠を広げます。

プログラミングの入門にScratchを利用することで、子どもたちは試行錯誤のうちに問題解決を図る自立心とともに、論理的で柔軟な思考力を身に付けることができます。

子どもの未来の可能性を無限に広げてくれるプログラミングを、本書とScratchとともに今すぐ体験してみましょう！

本書を購入される前に必ずご一読ください
本書は、2019年7月現在のScratch 3.0に基づいて解説しています。本書発行後のアップデートによって機能が更新された場合には、本書の記載のとおりに操作できなくなる可能性があります。
あらかじめご了承のうえ、ご購入・ご利用ください。

2019年8月15日
FOM出版

※本文で題材として使用している個人名、団体名、商品名、ロゴ、連絡先、メールアドレス、場所、出来事などは、すべて架空のものです。実在するものとは一切関係ありません。
※Microsoft、Windows、Internet Explorer、Microsoft Edgeは米国Microsoft Corporationの米国およびその他の国における登録商標または商標です。
※Apple、Mac、macOS、Safari、Apple Inc.は、米国およびその他の国で登録されたApple Inc.の商標です。
※Google Chromeは、Google LLCの登録商標です。
※Firefoxは、Mozilla Foundationの商標です。
※その他、記載されている会社および製品などの名称は、各社の登録商標または商標です。
※本文および図中では、™や®は省略しています。
※本書に掲載されているホームページは、2019年7月現在のもので、予告なく変更される可能性があります。

もくじ

この本の読み方 5

学習ファイルをダウンロードしよう 6

PROGRAM プログラミングって何？ 8

マンガ プログラミングをはじめよう！ 10

CHAPTER 1 Scratch を使ってみよう

マンガ Scratch で楽しくプログラミング！ 12

LESSON 1 オンライン版で Scratch をはじめよう 14

LESSON 2 エディター画面を確認しよう 19

LESSON 3 Scratch のブロックを確認しよう 22

LESSON 4 Scratch の基本操作を覚えよう 24

CHAPTER 2 スプライトを動かしてみよう

マンガ ネコのスプライトを動かしてみよう！ 34

LESSON 1 プログラムでスプライトを動かしてみよう ... 36

LESSON 2 座標と向きを指定してスプライトを動かしてみよう ... 40

LESSON 3 ペンを使ってスプライトで線を描こう 43

LESSON 4	同じことの繰り返しはかんたんに表現しよう	52
LESSON 5	キー操作でスプライトを動かそう	55
CHALLENGE!	チャレンジ問題	62

CHAPTER 3 　見た目を変化させよう

マンガ	スプライトをアニメみたいに動かそう	64
LESSON 1	スプライトでアニメを作ってみよう	66
LESSON 2	スプライトの大きさを変えてみよう	70
LESSON 3	スプライトの色を変えてみよう	74
LESSON 4	ステージの背景を変えてみよう	81
LESSON 5	コスチュームを自分で描いてみよう	87
CHALLENGE!	チャレンジ問題	96

CHAPTER 4 　音を鳴らしてみよう

マンガ	音を鳴らすにはどうすればいいの？	98
LESSON 1	スプライトから音を鳴らそう	100
LESSON 2	録音したオリジナルの音を鳴らしてみよう	102
LESSON 3	スプライトの動きに合わせて音を鳴らそう	106
LESSON 4	音楽を演奏してみよう	112
CHALLENGE!	チャレンジ問題	116

CHAPTER 5　ゲームを作ろう

マンガ	ゲームを作って遊ぼう！	**118**
LESSON 1	どんなゲームを作るのか確認しよう	**120**
LESSON 2	サルの動きを作ってみよう	**122**
LESSON 3	フルーツの動きを作ってみよう	**125**
LESSON 4	フルーツを取ったときの動きを作ってみよう	**127**
LESSON 5	カニの動きを作ってみよう	**134**
LESSON 6	背景を使ってカニが動ける範囲を決めよう	**139**
LESSON 7	ゲームを動かして調整しよう	**145**
CHALLENGE!	チャレンジ問題	**152**

チャレンジ問題　解答	**153**
さくいん	**158**

Scratch について

⭐ **この本では Scratch 3.0 を使用しています**

　Scratch は MIT メディアラボ ライフロングキンダーガーテングループによってデザインされ、開発されました。
　くわしくは https://scratch.mit.edu をご参照ください。
　Scratch is developed by the Lifelong Kindergarten Group at the MIT Media Lab.
　See https://scratch.mit.edu.
　Scratch is a programming language and online community where you can create your own interactive stories, games, and animations -- and share your creations with others around the world.
　In the process of designing and programming Scratch projects, young people learn to think creatively, reason systematically, and work collaboratively.
　Scratch is a project of the Lifelong Kindergarten Group at the MIT Media Lab.
　It is available for free at https://scratch.mit.edu

⭐ **Scratch 3.0 を使用するには、以下の環境が必要です（2019 年現在）**

- Windows 10、macOS 10.13 以降、一部の Linux のいずれかを搭載したコンピューター
- インターネット接続
- 1024×768 以上のスクリーン
- ブラウザー（Google Chrome 63 以降、Mozilla Firefox 57 以降、Microsoft Edge 15 以降、Safari 11以降）

⭐ **本書を開発した環境は、次のとおりです**

- OS: Windows 10 Home
- ブラウザー：Microsoft Edge

この本の読み方

最初に、この本の読み方を確認しよう！
読み方がわかると理解も深まるはずだよ！

❶ 手順
1つ1つの手順を追いながら、プログラムの作り方を紹介するよ。

❷ 赤い文字
ブロック名は赤い文字になっているよ。

❸ 黄色いマーカー
Scratchで行う具体的な操作には、黄色いマーカーが引いてあるよ。

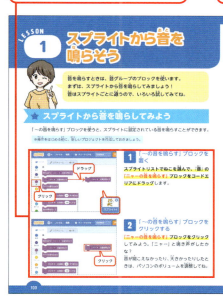

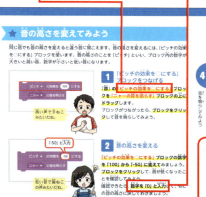

❹ POINT
知っておくと便利なScratchのマメ知識や、操作のテクニックを紹介する場所だよ。

チャレンジ問題

各章の最後のページでは、レベルアップしたプログラムを作る「チャレンジ問題」があるの。レッスンの内容だけじゃ物足りない人は挑戦してみて♪

チャレンジ問題 ❶　　答えはP.153

レッスン4の三角形を描くプログラムをもとに、星形を描くプログラムに作りなおしましょう。

※操作をはじめる前に、レッスン4で保存した「動きのプログラム1」を開いておきましょう。

曲がるときの角度や何回繰り返せばいいのかを考えてみてね！

学習ファイルをダウンロードしよう

この本でみんなと一緒に作っていく完成例や、チャレンジ問題で使う背景の素材ファイルを用意しておきました。完成例は、うまくできなかったときのお手本にしてね。
学習を始める前に、ダウンロードしておきましょう。ダウンロード方法がよくわからなかったら、おとなの人と一緒に操作してね。

★ 学習ファイルをダウンロードしよう

インターネットからデータを取ってきて、パソコンに保存することを「ダウンロード」といいます。「FOM出版」のウェブサイトから学習ファイルをダウンロードしましょう。

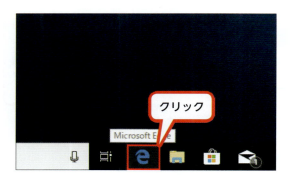

1 ダウンロードサイトにアクセスする

インターネットにつながっているパソコンでMicrosoft Edgeなどの**ブラウザーを起動**し、**FOM出版（https://www.fom.fujitsu.com/goods/）のウェブサイトを表示**します。

2 ファイルをダウンロードする

FOM出版のウェブサイト上部の「**ダウンロード**」→「**プログラミング**」の「**Scratch**」→「**Scratch3.0ではじめるプログラミング FPT1907**」→「**fpt1907.zip**」→「**保存**」の順でクリックします。

6

★ 学習ファイルの内容を確認しよう

ダウンロードしたファイルは圧縮されているので、解凍（展開）してからご利用ください。解凍して表示されるフォルダー「Scratch3.0ではじめるプログラミング」は、下の図のような学習ファイルが入っています。

📁 「Scratch3.0ではじめるプログラミング」
├── 📁 素材
│   └── 迷路.png
└── 📁 完成
    ├── 📁 CHAPTER1
    │   └── 猫ラン.sb3
    ├── 📁 CHAPTER2
    │   ├── 動きのプログラム1.sb3
    │   ├── 動きのプログラム2.sb3
    │   ├── CHAPTER2チャレンジ問題1.sb3
    │   └── CHAPTER2チャレンジ問題2.sb3
    └── 📁 CHAPTER3

素材ファイル
CHAPTER2のチャレンジ問題2で使う背景の画像です。

完成ファイル
レッスンやチャレンジ問題で作るプログラムの完成例です。
チャレンジ問題の完成ファイルは、あくまでひとつの例です。いろいろ工夫して自分だけのプログラムに挑戦してみて！

POINT 完成ファイルをScratchにアップロードするには？

インターネット上にデータを送って保存することを「アップロード」といいます。ダウンロードした完成ファイルをScratchにアップロードすると、完成したプログラムがすぐに見られます。操作はP.32で紹介しています。

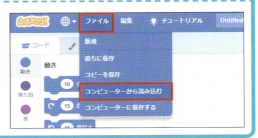

7

プログラミングって何？

⭐ プログラムって何だろう？

「プログラム」という言葉、聞いたことありますか？
小学生のみんながすぐに思いつくのは、運動会のプログラムかな？　運動会のプログラムにはこんな風に、運動会でやることの順番が書いてありますね。

```
1. 開会式
2. 準備体操
3. 応援合戦
4. 玉入れ (1年生)
5. 棒取り合戦 (4年生)
   ⋮
```

このプログラムがあるから、運動会はスムーズに進みます。
「準備体操の次は応援合戦だ！」「4番の玉入れが始まったら、4年生は集合だ！」
次に何をするのかがはっきりわかるから行動しやすいですよね。
実は、みんながよく使っているゲーム機やスマートフォン、パソコンも「プログラム」にしたがって動いています。
「電源ボタンが押されたら、この画面を表示する」「5分間、何も押されなかったら、ロックする」
「このアイテムを拾ったら、飛ぶ力を手に入れる」
運動会のときと同じですね。

⭐ プログラミングを知ろう！

このプログラムを作ることを「プログラミング」といいます。プログラミングというと、難しいと思うかもしれませんが、実はみんなも毎日、自分をプログラミングしながら生活しているのです。
「ご飯を食べたら、歯を磨こう」
「夜はテレビを見るから、宿題は先にやっておこう」　ね。難しくないでしょう？
ゲームをプログラミングするのも同じです。
「木にぶつかったら、転ばせよう」「ボールを取れたらピンポンという音を鳴らそう」
という具合に、プログラミングしていけばいいのです。

★ かんたんにプログラミングができるのはScratch!

自分をプログラミングする場合は、自分で考えてそのとおりに行動すればいいけれど、ゲームをプログラミングするにはどうすればいいのかな？
それは、機械が理解できる言葉でプログラミングすればいいのです。
では、機械が理解できる言葉って何語でしょうか。
実は機械は「0」と「1」しか理解できないのです。驚きましたか？
でも、わたしたちが「0」と「1」だけですべてのことを機械に伝えるなんて難しすぎますよね。
プログラミングが初めての人は「Scratch」を使えば、機械が理解できる言葉を知らなくても、かんたんにプログラミングをしてゲームを作ることができます。

この本ではScratchの基本操作を覚えながら、最後にはかんたんなゲームを作る方法を紹介します。
キャラクターを動かしたり、向きを変えたり、音を鳴らしたり……。
自分で、「こういうときにこうさせたい」「これの次にはこれをやりたい」とやりたいことを考えながらどんどん作ってみてください。
失敗しても大丈夫です。失敗したら、どこの動きがダメだったのか、考えてみてください。
そして、また作ってください。
この本で紹介すること以外にも、いろんなことがScratchを使えばできます。
みんなが楽しくプログラミングの世界に足を踏み入れてくれることを願っています。

プログラミングをはじめよう！

CHAPTER 1
Scratchを使ってみよう

さっそく、Scratchでプログラミングをはじめましょう。
かんたんなプログラムを作りながらScratchの基本的な使い方を確認しましょう。

Scratchで楽しくプログラミング！

Scratchを使えば、とっても楽しくプログラミングができるの。しかも、大学生やおとなの人がやっていることと、同じようなことができちゃうのよ。

えぇ……私たちにできるのかな……。

大丈夫、できちゃうの！
パソコンで、Scratchのページを見てみて。
ここのブロックを、パチパチってつなげていくだけなの。

くぼみがぴったりはまるよ！パズルみたい。

工太くん、そのとおり！ Scratchはパズルみたいにプログラミングができるんだよ。ね、かんたんでしょ？
基本的な操作から覚えていこうね。

ほんとだ、おもしろい！
これがプログラミングなんですね。

1　Scratchを使ってみよう

LESSON 1　オンライン版(ばん)でScratch(スクラッチ)をはじめよう

まずは、Scratch(スクラッチ)のウェブサイトに、あなたの名前(なまえ)を登録(とうろく)します。このページは、おとなの人(ひと)と一緒(いっしょ)に読(よ)んでね。

★ Scratch(スクラッチ)のウェブサイトを表示(ひょうじ)しよう

ウェブブラウザーでScratch(スクラッチ)のウェブサイト（https://scratch.mit.edu/）を開(ひら)きましょう。

1 ウェブブラウザーを起動(きどう)する

インターネットにつながっているパソコンでMicrosoft Edge(マイクロソフト エッジ)などの**ブラウザーを起動(きどう)**します。「Internet Explorer(インターネット エクスプローラー)(IE(アイイー))」は使(つか)えないので注意(ちゅうい)してください。

2 Scratch(スクラッチ)のウェブサイトのアドレスを入力(にゅうりょく)する

アドレスバーに「scratch.mit.edu」と入力(にゅうりょく)し、「Enter(エンター)」キーを押(お)します。

3 Scratch(スクラッチ)のウェブサイトの表示(ひょうじ)

Scratch(スクラッチ)のウェブサイトが表示(ひょうじ)されます。

⭐ Scratchのアカウントを作ろう

アカウントの作成とは、Scratchのウェブサイトにユーザー登録して会員になることです。
ユーザー登録をしなくてもScratchは使えますが、登録しておくと、自分で作ったプログラムをScratchのウェブサイトに保存して、世界中の仲間たちに見せることができます。
ユーザー名とどこの国のユーザーなのかが世界中に公開されるので、本当の名前でユーザー名を登録しないよう注意しましょう。

> アカウントの作成にはメールアドレスが必要になるから、おとなの人と一緒にやろうね。

クリック

1 アカウント作成を始める

Scratchのウェブサイトの右上にある**「Scratchに参加しよう」をクリック**します。

クリック

2 ユーザー名とパスワードを入力する

「Scratchに参加しよう」という小さなウィンドウが表示されたら、**「ユーザー名」**と**「パスワード」を入力**します。パスワードは確認のために、同じものを2回入力します。ユーザー名として使えるのは、半角英数字と「_（アンダーバー）」だけです。入力したら**「次へ」をクリック**します。

> 「そのユーザー名は既に使われています」って出たよ。

> その名前はほかの人が使っているから使えないってこと。ほかのユーザー名を入力してみて。

15

3 生まれた年と月、性別、国を選ぶ

「生まれた年と月」「性別」「国」を選びます。それぞれクリックすると一覧で選べるようになっています。選んだら、「次へ」をクリックします。

4 メールアドレスを入力する

メールアドレスを入力します。ここで入力したアドレスに認証のためのメールが送られてくるので、間違えないように入力します。確認のために、同じものを2回入力します。入力したら、「次へ」をクリックします。

5 さあ、はじめよう

最後の確認画面が表示されるので、「さあ、はじめよう！」をクリックします。

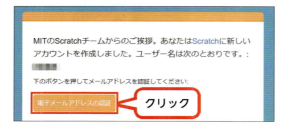

6 メールを確認する

4で入力したメールアドレスにメールが届きます。メールの指示に従って「電子メールアドレスの認証」をクリックします。

★ ほかの人の作品を見てみよう

Scratchのウェブサイトで公開されている作品を見てみよう。

1 みんなが作った作品を見る

Scratchのウェブサイトの上のメニューにある**「見る」をクリック**してみましょう。

2 作品を選ぶ

表示された「見る」のページは、Scratchに参加している仲間たちの作品を探す画面です。おもしろそうなものがあればクリックして開き、プログラムを動かしてみましょう。

POINT サインイン、サインアウトをしよう！

「サインイン」とは、ユーザー名とパスワードを使ってScratchを使える状態にすることです。「サインアウト」とは、Scratchを使わない状態にすることです。Scratchのウェブサイトを使い終わったら、右上に表示されているユーザー名をクリックしてサインアウトしておけば、誰かがあなたのユーザー名を知らないうちに使うことを防げます。次にScratchを使うときは右上の「サインイン」をクリックし、ユーザー名とパスワードを入力します。

サインアウト

サインイン

1 Scratchを使ってみよう

POINT オフラインエディターを使ってみよう

Scratchにはオンライン版のほかに、インターネットにつながっていないときでもプログラミングできる「Scratch 3.0オフラインエディター」があります。オフラインエディターは、「Scratchデスクトップ」ともいいます。オフラインエディターをダウンロードするには、Scratchのウェブサイトの下の方にある「サポート」の「オフラインエディター」の文字をクリックするか、直接ダウンロードページ (https://scratch.mit.edu/download) を開きます。

Scratchのウェブサイトの下の方にある「オフラインエディター」をクリックします。

「Scratchデスクトップ」のダウンロード画面で「ダウンロード」をクリックし、「実行」をクリックすると、パソコンにオフラインエディターが追加されます。

オフラインエディターはオンライン版と何が違うの？

「見る」機能が使えないのがいちばんの違いかな。あとは、ブロックの名前が少し違うこともあるの。

LESSON 2 エディター画面を確認しよう

プログラムを作る画面のことを「エディター画面」といいます。まずはエディター画面の表示方法と画面の見方を確認しましょう。

★ エディター画面を表示しよう

Scratchでは、プログラムを「エディター画面」で作っていきます。まずは、エディター画面を表示する方法を確認しましょう。

1 「作る」をクリックする

Scratchのウェブサイトの上のメニューにある**「作る」をクリック**します。

2 「チュートリアル」を閉じる

エディター画面を開くと、「チュートリアル」が表示される場合があります。表示された場合は、右上の**「×閉じる」をクリック**します。

「チュートリアル」はScratchの使い方を教えてくれるビデオです。今回は使わないので閉じておきましょう。

19

★ エディター画面を見てみよう

エディター画面は、次のように大きく6つに分かれています。名前と機能を確認しておきましょう。

❶ メニューバー

作ったプログラムを保存したり、読み込んだりするメニューが用意されています。
また、Scratch にサインインしたり、サインアウトしたりすることもできます。サインインしているときは、右端にユーザー名が表示されます

❷ ブロックパレット

上にある3つのタブのうち、[コード]タブを選ぶと表示されます。プログラムに使うブロックが種類ごとに用意されている場所です。ここのブロックをコードエリアにドラッグして、プログラムを作っていきます。
[コスチューム]タブを選ぶとペイントエディター画面、[音]タブを選ぶとサウンドエディター画面が表示されます。

❸ コードエリア

ブロックを組み合わせてプログラムを作っていく場所です。ブロックとブロックを「つなげる」「中に入れる」といった操作を行ったり、数字を入力したりできます。
ブロックを組みたてたものを「コード」といいます。

❹ ステージ

作ったプログラムの結果を表示する場所です。プログラムを実行すると、ここでキャラクターが動いたり、背景が表示されたりします。キャラクターのことを「スプライト」といいます。
右上の「全画面表示」をクリックすると、ステージだけを大きく表示できます。

❺ スプライトリスト

プログラムで使われているスプライトが一覧で表示されます。スプライトに変更を加えたり、新しいスプライトを作るときも、ここを利用します。
また、右側の「ステージ」では、ステージに背景を追加したり、新しい背景を作ったりできます。
Scratch では、このスプライトリストで選んでいるものに対して、ブロックをつなげてコードを作ります。複数のスプライトを使うような場合には、どのスプライトが選ばれているか確認してから、ブロックを操作するようにしましょう。

❻ バックパック

「バックパック」とは、英語でリュックサックのことです。リュックにいろいろな荷物を詰め込むように、よく使うコードやスプライトなどをここに保管しておきます。必要になったらすぐに取り出せるので便利です。

POINT 英語版のページが表示されたら？

エディター画面で英語版のページが表示されても、あわてなくて大丈夫です。メニューバーの地球儀のマークをクリックすると言語の一覧が表示されるので、「日本語」か「にほんご」をクリックしましょう。本書では「日本語」を選んでいます。

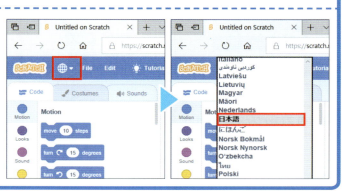

LESSON 3 Scratchのブロックを確認しよう

Scratchではブロックを組み合わせてプログラムを作っていきます。ブロックはいくつかのグループに分かれているので、どんなブロックがあるのか確認してみましょう。

★ ブロックの種類を確認しよう

ブロックパレットの左側にあるブロックの種類をクリックすると、それに関連するブロックが表示されます。

動きのブロックが表示される

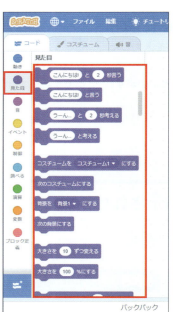

左側の種類をクリックすると、表示されるブロックが切り替わるよ。

ブロックの種類には、次のようなものがあります。

種類	できること
● 動き	スプライトをステージ上で動かすブロックの集まりです。
● 見た目	スプライトの見た目を変えるブロックの集まりです。背景を変更する機能を持ったブロックもあります。
● 音	音を鳴らすブロックの集まりです。
● イベント	何かを動作させる「きっかけ」になるブロックの集まりです。
● 制御	プログラムの流れを変え、繰り返しなどを行うブロックの集まりです。
● 調べる	スプライトの状態や、マウスの位置などを調べるブロックの集まりです。主に制御グループのブロックと組み合わせて使います。
● 演算	数字の計算をしたり、数字の大きさを比べたりするブロックの集まりです。「演算」とは、計算と同じことです。
● 変数	「変数」を扱うブロックの集まりです。変数は何かを記憶するために使います。
● ブロック定義	自分で作ったブロックの集まりです。

★ ブロックの形を確認しよう

Scratchのブロックは、形によって使える場所が決まります。主なブロックには、次のようなものがあります。

形		使える場所
ハットブロック	[が押されたとき]	プログラムを実行するタイミングを指定するブロックです。必ず先頭で使います。
C型ブロック	[10 回繰り返す]	ほかのブロックを中にはめこんで使うブロックです。動きを繰り返したり、プログラムが動く条件を指定したりします。
スタックブロック	[10 歩動かす]	上下に重ねて、プログラムの処理を追加していくブロックです。

ブロックの形で、つなげる相手やつなぎ方が決まるの。

上と下にでこぼこがあるブロックは、縦につながるみたいだね。

1 Scratchを使ってみよう

23

LESSON 4 Scratchの基本操作を覚えよう

いくつかのブロックを使って、スプライトを動かすプログラムを作ってみましょう。

★ スプライトって何？

Scratchではキャラクターのことを「スプライト」といいます。

ステージにネコがいますね。これがスプライトです。このネコは「スクラッチキャット」と呼ばれていて、Scratchを代表するキャラクターです。

★ 背景を変えよう

Scratchには、多くの背景が用意されています。背景を選んでみましょう。

1 「背景を選ぶ」をクリックする

「ステージ」の下にある**「背景を選ぶ」をクリック**します。

2 背景を選ぶ

背景の一覧が表示されるので、**好きな背景をクリック**します。
一覧の上のカテゴリーをクリックすると、背景を絞り込んで表示できます。

3 背景が変わる

ステージの背景が選んだ背景に変わります。

Scratchを使ってみよう

POINT スプライトや背景は自分でも描ける

スプライトや背景は、自分でもかんたんに描くことができます。スプライトや背景の描き方はP.87で紹介しています。オリジナルの絵にしたいときは挑戦してみましょう。

★ プログラムを作ってみよう

ネコを動かすプログラムを作りながら、Scratchでプログラムを作るときの手順を確認しましょう。

1 スプライトを選ぶ

プログラムを作るときは、最初に**スプライトリスト**から**スプライトをクリック**します。
ネコを動かすプログラムを作るので、ネコを選んで操作します。

背景を選んだままプログラムを作らないように注意してね！

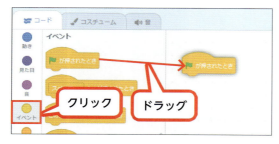

2 ブロックを置く

コードエリアにブロックを置いて、プログラムを作っていきます。『イベント』の「🏁が押されたとき」ブロックをコードエリアにドラッグします。

3 ブロックをつなげる

次に、『動き』の「○秒でどこかの場所へ行く」ブロックを、「🏁が押されたとき」ブロックの下にドラッグします。
こうやってつながったブロックのかたまりを「コード」といいます。

26

4 プログラムを実行する

これで最初のプログラムができあがりました。さっそく動かしてみましょう。
プログラムを動かすことを「実行する」といいます。プログラムを実行するには、ステージの上にある🚩を**クリック**します。
何回か🚩をクリックして、ネコを動かしてみましょう。

コードエリアに置いたブロックのとおりの動きだね！

ステージのネコはドラッグで自由に移動できるよ。端まで行ったら空いているところに移動して何回も動かしてみよう。

POINT　コードをクリックしてプログラムを実行する

プログラムは、ステージの上にある🚩をクリックする以外に、コードエリアのブロックをクリックしても実行することができます。ブロックをたくさんつなげてプログラムを作っているときや、複数のスプライトを使っているときなどは、コードエリアのブロックをクリックすると、つながっているブロックのコードだけが実行されるので、部分的にプログラムの動きを確認することができます。中断するときは、もう一度、ブロックをクリックします。

1　Scratchを使ってみよう

POINT ブロックの複製・削除・操作の取り消し

ブロックの操作でよく使う「ブロックの複製」「ブロックの削除」「操作の取り消し」の操作方法を確認しましょう。

ブロックの複製

作ったコードのブロックを右クリックし、「複製」をクリックします。まったく同じ順番でつながったコードがもう1つ作られます。マウスを動かすとそのまま動かせるので、好きな場所でクリックして配置できます。

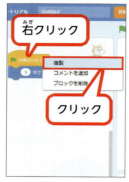

ブロックの削除

途中まで作ったプログラムを消して、最初からやり直したいというときは、ブロックを削除しましょう。コードをブロックパレットの上までドラッグすると、選択中のコード全体をまとめて消せます。

1つのブロックだけを削除したいときは、ブロックの上で右クリックし、「ブロックを削除」を選びます。

操作の取り消し

誤ってブロックを削除してしまったときは、コードエリアの何もないところを右クリックし、「取り消し」を選ぶと、直前の操作が取り消され、削除したブロックが復活します。

★ プログラムを修正しよう

1回のクリックでネコが動き続けるようにプログラムを修正してみましょう。

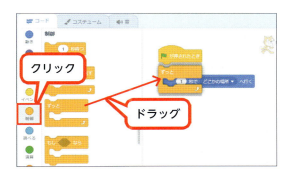

1 「ずっと」ブロックを追加する

『制御』の「ずっと」ブロックを「○秒でどこかの場所へ行く」の上にドラッグします。「ずっと」ブロックを「○秒でどこかの場所へ行く」ブロックに近づけると、勝手にブロックの中にはさまります。

2 プログラムの実行

🚩をクリックしてプログラムを実行すると、ネコがいろいろな場所へ移動し続けます。プログラムが実行されている間、コードエリアのブロックの周りが黄色くなることも確認しておきましょう。

3 プログラムの中断

プログラムを中断するには、🚩の右にある🔴をクリックします。

★ プロジェクトに名前を付けよう

Scratchで作ったプログラムやスプライト、背景を1つにまとめたものを「プロジェクト」といいます。オンライン版Scratchで作ったプロジェクトは、自動的にインターネット上の「私の作品」に保存されます。あとで使うときにわかるような名前を付けておきましょう。

1 名前を入力する

「Untitled」と表示されているボックスをクリックして、**プロジェクトの名前を入力**します。

POINT　インターネット上に保存されたプロジェクトを開く

メニューバーの「私の作品」をクリックすると、自動的にインターネットに保存されたプロジェクトの一覧が表示されます。プロジェクトの「中を見る」をクリックすると、プロジェクトがエディター画面に表示されます。

POINT　プロジェクトを共有する

メニューバーの「共有する」をクリックすると、自分が作ったプロジェクトを世界中の仲間たちに公開できます。Scratchのウェブサイトの「見る」のページに登録されるので、使い方などを詳しく書いておくとよいでしょう。

★ プロジェクトを自分のパソコンに保存しよう

プロジェクトは自分のパソコンに保存しておくことができます。オフラインエディターを使っているときも、この方法でプロジェクトを保存できます。自分のパソコンの「ドキュメント」フォルダーに、「猫ラン」と名前を付けて保存しましょう。

1 コンピューターに保存する

自分のパソコンにプロジェクトを保存するには、**メニューバーの「ファイル」をクリックし、「コンピューターに保存する」を選びます**。

2 ファイル名を入力する

画面の下側に表示される**メッセージバーの「保存」の∧をクリック**し、**「名前を付けて保存」を選びます**。
「名前を付けて保存」画面の左側の一覧から**「ドキュメント」を選び、ファイル名に「猫ラン」と入力**します。入力できたら**「保存」をクリック**します。
オフラインエディターではすぐに「名前を付けて保存」画面が表示されます。

⭐ プロジェクトを開こう

パソコンに保存したプロジェクトを読み込んで、プログラムの続きを作りましょう。前回の作成の後でScratchからサインアウトしているなら、改めてサインインしておきます。

1 「作る」をクリックする

Scratchにサインインし、**「作る」をクリック**してエディター画面を表示しておきます。

2 コンピューターから読み込む

メニューバーの「ファイル」をクリックし、**「コンピューターから読み込む」を選びます**。

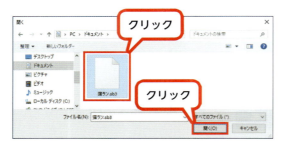

3 ファイル名を選ぶ

プロジェクトを**保存した場所とファイル名を選び**、**「開く」をクリック**します。

4 プロジェクトが開く

確認のメッセージが表示されたら**「OK」をクリック**すると、保存したプロジェクトがエディター画面に表示されます。

32

CHAPTER 2

スプライトを動かしてみよう

Scratchの基本的な使い方を覚えたところで、スプライトを動かすプログラムを作ってみましょう。動かし方がわかってきたら、図形を描いたり、キーボードでスプライトを動かしたりするプログラムにもチャレンジします。

ネコのスプライトを動かしてみよう！

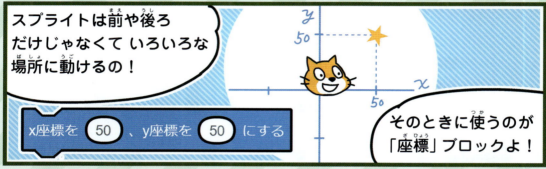

それで、このスプライトでどんな動きができるんですか？

二人の工夫次第でいろんなことができるよ。
と言っても、わかんないよね。
まずはいろんな動かし方を覚えてみよっか。

でも、プログラムで作ったとおり動くだけだと、ちょっとさみしいな……。

工太くん、欲張りね〜笑
それじゃあ、最後にキーボードでスプライトを動かすプログラムを作ろっか。
がんばったら迷路も作れちゃうかも！

え〜、何それ！ 早く作りたい〜〜!!

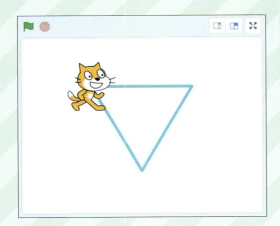
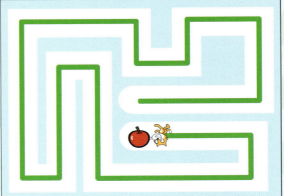

LESSON 1 プログラムでスプライトを動かしてみよう

スプライトを動かすときは、動きグループのブロックを使います。まずは、スプライトを前に進めたり向きを変えたりして動かしてみましょう！

★ スプライトを前に動かしてみよう

最初に「〇歩動かす」ブロックを使ってみましょう。「〇歩動かす」ブロックは、スプライトが向いている方向に、指定した歩数分動かすことができます。歩数を変えると、どのように動きが変わるのかも確認してみましょう。

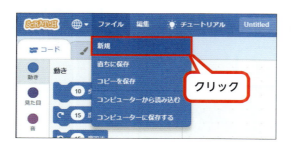

1 新しいプロジェクトを作る

メニューバーから「ファイル」をクリックし、「新規」を選びます。新しいプロジェクトのエディター画面に切り替わったことを確認しましょう。

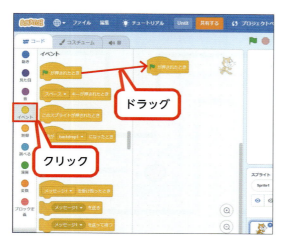

2 「🏁が押されたとき」ブロックを置く

スプライトリストでネコのスプライトを選んでいることを確認します。『イベント』の「🏁が押されたとき」ブロックをコードエリアにドラッグします。

3 「○歩動かす」ブロックをつなげる

『動き』の「○歩動かす」ブロックを「▶が押されたとき」ブロックの下にドラッグします。
歩数は「10」のままにします。

4 プログラムを実行して動きを確認する

▶をクリックして、スプライトを動かしてみましょう。
▶をクリックするたびに、スプライトが少しずつ動きます。

5 歩数を「50」に変える

「○歩動かす」ブロックの数字の白い枠をクリックすると、入力できるようになります。「50」と入力し、「Enter」キーを押すと入力完了です。

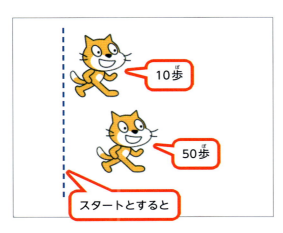

6 プログラムを実行して動きを確認する

▶をクリックして、スプライトを動かしてみましょう。
歩数を「50」に変えると、一度に動く距離が長くなることを確認しましょう。

2 スプライトを動かしてみよう

37

> **POINT** ブロックへの入力は全角・半角に気を付けよう
>
> ブロックの白い枠には、数字や文字を入力できます。このとき気を付けたいのが、「全角」と「半角」の違いです。「50」「100」のような数字は半角で、「こんにちは」のような文字は全角で入力しましょう。
> 全角と半角は、キーボードの左上にある「半角/全角」キーを押すたびに切り替わります。

★ スプライトの向きを変えよう

スプライトを別の方向に動かしたいときは、先に「⟳○度回す」または「⟲○度回す」ブロックを使ってスプライトの向きを変えておきます。「⟳○度回す」ブロックは時計回りに、「⟲○度回す」ブロックは反時計回りにスプライトを回転させます。そこに「○歩動かす」ブロックをつなげると、向かせた方向にスプライトが動きます。

行きたい方向に身体を向かせてから、前に歩くってこと？

そうそう、人の歩き方と同じだね！

1 「⟳○度回す」ブロックをつなげる

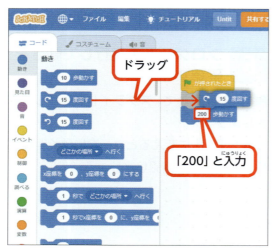

『動き』の「⟳○度回す」ブロックを「🏁が押されたとき」と「○歩動かす」ブロックの間にドラッグします。
ブロックの間が開いてから指を離すと、つながっていたブロックの間に入れることができます。
「○歩動かす」ブロックの数字の白い枠をクリックして「200」と入力し、「Enter」キーを押します。

2 プログラムを実行して動きを確認する

▶をクリックして、スプライトを動かしてみましょう。

▶をクリックすると、時計回りに向きが15度変わったあとに、200歩分進むことを確認しましょう。

3 回す角度を「60」に変える

スプライトが大きく向きを変えるように、角度を「60」に変えてみましょう。

「⟳〇度回す」ブロックの数字の白い枠をクリックして、「60」と入力し、「Enter」キーを押します。

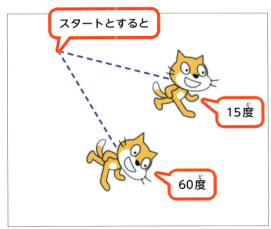

4 プログラムを実行して動きを確認する

▶をクリックして、スプライトを動かしてみましょう。角度を「60」に変えると、スプライトの向きが大きく変わることを確認しましょう。

「⟲〇度回す」ブロックを使うと、反時計回りにスプライトの向きが変わるのね。

2 スプライトを動かしてみよう

39

LESSON 2 座標と向きを指定してスプライトを動かしてみよう

前のレッスンでは、スプライトの向きを変えて、指定した歩数分だけ動かしてみました。次は、瞬間移動のように、ステージの決まった位置にスプライトを動かしてみましょう！

★ 座標って何？

ステージのスプライトを動かすとき、スプライトの今の位置を基準として「右に50歩」「上に10歩」のように指定する方法以外に、ステージの縦と横の位置を数字で指定する方法もあります。このステージの縦と横の位置を数字で表したものを「座標」といいます。Scratchの座標は、ステージの中心を基準「0」として、横方向を「-240」〜「240」のx座標、縦方向を「180」〜「-180」のy座標で表します。

Scratchの座標のイメージ

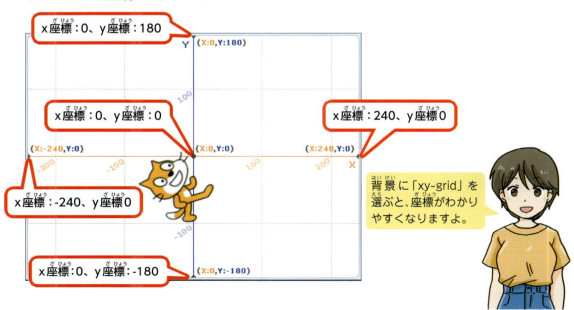

背景に「xy-grid」を選ぶと、座標がわかりやすくなりますよ。

★ 座標で位置を指定してみよう

座標を使って、スプライトを動かしてみましょう。スプライトを座標で動かすには、「x座標を○、y座標を○にする」ブロックを使います。前のレッスンで動かしたスプライトをステージの中心に戻します。

1 座標を指定するブロックを置く

前のレッスンで作ったコードにつながらないように、『動き』の「x座標を○、y座標を○にする」ブロックをコードエリアにドラッグします。

2 座標を「0」に設定する

「x座標を○、y座標を○にする」ブロックの座標の白い枠をクリックして、両方とも半角で「0」と入力します。

3 ブロックをクリックして動きを確認する

「x座標を0、y座標を0にする」ブロックをクリックして、ステージの中心にスプライトが動くことを確認しましょう。

> スプライトの位置は戻ったけど、向きは戻らないね。

★ 角度で向きを変えてみよう

スプライトの向きも、これまでは今の向きを基準に「○度回す」ブロックで少しずつ回転させていました。今の向きとは関係なく、常に決まった方向を向かせるときは、「○度に向ける」ブロックを使います。例えば、ブロック内の数字を「90」にすると、最初と同じ右向きになります。

1 「○度に向ける」ブロックをつなげる

『動き』の「○度に向ける」ブロックを「x座標を○、y座標を○にする」ブロックの下にドラッグします。
角度は「90」のままにします。

2 ブロックをクリックして動きを確認する

つなげた2つのブロックをクリックして、スプライトがステージの中心に動いて右を向くことを確認しましょう。
位置と向きが変わったことがわかりにくいときは、「▶が押されたとき」ブロックをクリックして、スプライトを動かしてから確認してみましょう。

角度の数字を「180」にすると下向き、「-90」では左向き、「0」にすると上向きになるのよ。

LESSON 3 ペンを使ってスプライトで線を描こう

スプライトが動くのを見ているだけでは、ちょっとさみしいよね。そこで、スプライトが動いた跡がステージに残るようなプログラミングに挑戦してみましょう！

★ ブロックパレットに「ペン」を追加しよう

スプライトの動いた跡を「軌跡」といいます。軌跡をステージに残すには、拡張機能の「ペン」を使います。ペンの拡張機能を追加してみましょう。

※操作をはじめる前に、新しいプロジェクトを作成しておきましょう。

1 拡張機能を追加する

画面左下の**「拡張機能を追加」をクリック**します。

拡張機能は、音楽を奏でたり、カメラに反応してプログラムを動かしたりといった、特別な機能をScratchに追加するの。「ペン」もその中の1つなのよ。

2 ペンを追加する

拡張機能の一覧から**「ペン」をクリック**します。

3 ペンのブロックを確認する

拡張機能のペンが追加されると、一番下にペングループが追加されます。表示されていない場合は、グループの一覧をスクロールしてみましょう。
ペングループに、どのようなブロックがあるのか確認してみましょう。

ペングループのブロックの機能は、このあとで実際に使いながら確認していきましょう。

★ スプライトの軌跡をペンで描いてみよう

紙にペンで線を描くように、Scratchのペンで線を描くときも「ペンを下ろす」ブロックで描き始めます。ペンを下ろした状態でスプライトを動かすと、スプライトの軌跡にあわせて線を描くことができます。「ペンを下ろす」ブロックと「○歩動かす」ブロックをつなげて、右方向に100歩進みながら直線を描いてみましょう。

1 ブロックを置く

スプライトリストでネコのスプライトを選んでいることを確認します。
『イベント』の「▶が押されたとき」、『ペン』の「ペンを下ろす」、『動き』の「○歩動かす」ブロックをコードエリアにドラッグします。

2 歩数を「100」に変える

「○歩動かす」ブロックの数字の白い枠をクリックして、「100」と入力し、「Enter」キーを押します。

3 プログラムを実行して動きを確認する

▶を**クリック**して、スプライトを動かしてみましょう。スプライトが右に100歩分動き、線が描かれたことを確認しましょう。

すごい、線が描けた！プログラミングで絵が描けそうだね♪

「ペンを上げる」ブロックでペンを上げると、線が描かれなくなるのよ。

POINT 「どこかの場所へ行く」ブロックで軌跡を描いてみる

『動き』の「どこかの場所へ行く」ブロックを使うと、スプライトがステージのあちらこちらに適当に動きます。

『ペン』の「ペンを下ろす」ブロックのあとで、このブロックを使うと、クリックするたびに、スプライトがステージのあちらこちらに動いたおもしろい線が描けちゃいます。

「どこかの場所へ行く」ブロックをクリック

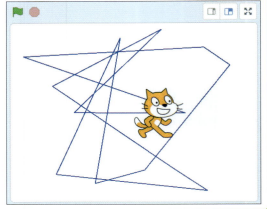

ペンの太さや色を変えてみよう

ペングループのいろいろなブロックを使い、ペンの太さや色を変えて線を描いてみましょう。描いたあとで線の太さや色は変えられないので、線を描く前にペンの太さや色を設定します。

1 「全部消す」ブロックを追加する

プログラムの最初に、描いた線を消すためのブロックを追加しましょう。
『ペン』の「全部消す」ブロックを「▶が押されたとき」と「ペンを下ろす」ブロックの間にドラッグします。

2 ペンの太さを変える

ペンの太さを「5」に変えましょう。
『ペン』の「ペンの太さを〇にする」ブロックを「全部消す」ブロックと「ペンを下ろす」ブロックの間にドラッグします。
ペンの太さは「5」と入力します。

スプライトを動かしてみよう

47

3 ペンの色を変える

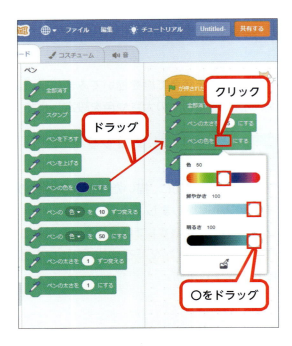

ペンの色を水色に変えましょう。
『ペン』の「ペンの色を○にする」ブロックを「ペンの太さを5にする」ブロックと「ペンを下ろす」ブロックの間にドラッグします。
ペンの色の○の部分をクリックすると、「色」（色の種類）、「鮮やかさ」（濃さ）、「明るさ」の3つの設定バーが表示されます。それぞれ「50」「100」「100」になるように○をドラッグします。

> 設定バーの下にある🖼をクリックすると、ステージのスプライトや背景から色を取り込めるよ。

4 線を描く前にスプライトを中央に動かす

線を描く前にスプライトをステージの中央に戻しましょう。
『ペン』の「ペンを上げる」、『動き』の「x座標を○、y座標を○にする」、「○度に向ける」ブロックを、「ペンの色を○にする」ブロックと「ペンを下ろす」ブロックの間にドラッグします。
「x座標を○、y座標を○にする」ブロックの座標はどちらも「0」にします。
「○度に向ける」ブロックの角度は「90」のままにします。

48

5 プログラムを実行して動きを確認する

🚩をクリックして、スプライトを動かしてみましょう。
線の太さと色が変わったことを確認しましょう。

★ ペンを使って三角形を描いてみよう

ペンの使い方がわかったところで、図形を描いてみましょう。
まずは三角形です！ 三角形は角と角をつなぐ辺が3つあるので、ペンを下ろしたまま、スプライトを3回動かせば描けることになります。
ただし、3つの直線を描く間に、向きを変えなくてはいけません。角度を何度にするのかが重要です。

途中まではさっき作ったものとほとんど同じよ。これを改造して作ってみよう！

1 スプライトのスタート位置を変える

スプライトのスタート位置を変更しましょう。
「x座標を○、y座標を○にする」ブロックのx座標を「-100」、y座標を「80」に変えます。これで、三角形がステージの真ん中に描かれるようになります。

2 歩数と角度を変える

『動き』の「⟳〇度回す」ブロックを「〇歩動かす」ブロックの下につなげます。
「〇歩動かす」ブロックの歩数を「200」にし、「⟳〇度回す」ブロックの角度を「120」にします。

3 ブロックを複製する

「〇歩動かす」ブロックと「⟳〇度回す」ブロックの組み合わせを2組追加します。
「〇歩動かす」ブロックを右クリックし、「複製」を選びます。
2つのブロックが複製されるので、**ブロックの一番下に移動してクリック**します。
もう一度「〇歩動かす」ブロックを右クリックして、同じように複製した**ブロックを一番下につなげます**。

4 「〇秒待つ」ブロックを追加する

🚩をクリックして、スプライトを動かしてみましょう。
一瞬で三角形が描けてしまうので、一本線を描いたところで、少し時間を空けるようにします。
『制御』の「〇秒待つ」ブロックを、1つ目と2つ目の「〇歩動かす」ブロックの下に追加しましょう。

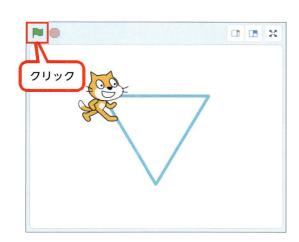

5 プログラムを実行して動きを確認する

🚩をクリックして、三角形が描けることを確認しましょう。

POINT どうして120度回転するの？

辺の長さが同じ三角形の場合、三角形の内角（内側の角度）は、それぞれ60度になります。下の図のように考えると、回転する角度は、**180度 − 内角（60度）＝ 120度**になるので、スプライトを120度回転させればいいことがわかります。

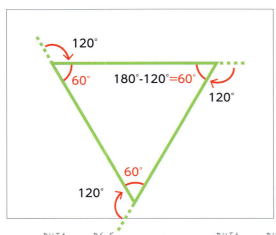

五角形を描くときは何度になるのかわかるかな？

また、回転する角度は、スプライトが回転する回数からもわかります。図形を描き終わったとき、スプライトはぐるっと一回転します。つまり、360度回るのです。三角形なら360度を3回で回るので**360度÷3＝120度**、四角形なら4回で回るので**360度÷4＝90度**と計算できます。

2 スプライトを動かしてみよう

LESSON 4 同じことの繰り返しはかんたんに表現しよう

同じ動きを何度も繰り返すときは「繰り返す」ブロックを使うとかんたんです。これを使って、三角形を描くプログラムを作りなおしてみましょう。

★ 三角形をもっとかんたんに描くには？

前のレッスンでは、「○歩動かす」ブロックと「○度回す」ブロックを3組つなげて三角形を描きましたね。3回ならまだいいのですが、これが10回、20回となると、ブロックをつなげるのも大変です。そこで、同じ動きをかんたんに繰り返す方法を紹介しましょう。

同じ動きを決めた回数だけ繰り返すには、『制御』グループの「○回繰り返す」ブロックを使います。「○回繰り返す」ブロックの間に繰り返すブロックを入れることで、中のブロックの動きを繰り返してくれるのです。

○の部分に半角の数字を入力すると、その回数分同じ動きを繰り返してくれます。

ほかにも繰り返しのブロックがいっぱいあるよ！

ブロックをたくさんつなげなくていいから、わかりやすいわね！

★ 繰り返しを使って三角形を描こう

三角形のプログラムを「○回繰り返す」ブロックを使って作りなおしてみましょう。

1 使わないブロックを外す

三角形を描いたプログラムから、1組目の「○歩動かす」、「○秒待つ」、「○度回す」ブロックまでを残して、**ほかのブロックを外します**。

1組目は「○回繰り返す」ブロックで使うから残しておきましょう。

2 「○回繰り返す」ブロックを追加する

『制御』の「○回繰り返す」ブロックを「○歩動かす」、「○秒待つ」、「○度回す」ブロックを**囲むように追加**します。

3 繰り返す回数を設定する

「○回繰り返す」ブロックの回数を「3」に変更します。半角の数字で入力しましょう。これで「200歩進んでから120度回る」という動きを3回繰り返すプログラムができました。

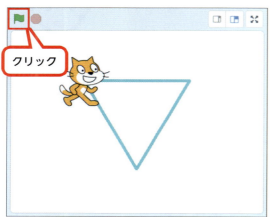

4 プログラムを実行して動きを確認する

▶をクリックして前のレッスンで作ったプログラムと同じように三角形が描けることを確認しましょう。

※確認できたら、「動きのプログラム1」と名前を付けて、自分のパソコンの「ドキュメント」フォルダーに保存しておきましょう。

わ〜、「○歩動かす」ブロックと「○度回す」ブロックが1つずつしかないのに、三角形ができたよ。

三角形より角が多い図形もかんたんに描けちゃいそうだね！

ほんと〜？ じゃ、あとでやってみよっか！ポイントは、回転する角度だったね！

LESSON 5 キー操作でスプライトを動かそう

今度はスプライトに決まった動きをさせるのではなく、キーボードで自由に動かしてみましょう。ゲームのコントローラーでキャラクターを動かすのと同じよ！

★ スプライトが自動で動くようにしよう

まずは、何も操作しなくてもスプライトが自動的に動くようにしましょう。
次に、矢印のキーを押して方向が変わるようにして、ステージの中を動き回らせます。ここでもペンを使って軌跡を描き、動きがわかりやすいようにします。

スプライトを決まった速さで自動的に前に進むようにする――これは、今までに出てこなかった動き方ですね。ずっと動き続けるわけですから、「繰り返し」ブロックを使うことはなんとなく想像できるでしょう。

今回は「○回繰り返す」ブロックではなく、「ずっと」ブロックを使います。このブロックは、プログラムを止めるまでずっと繰り返しを続けます。この中に「○歩動かす」ブロックを入れると、ずっと動き続けるようになります。

ドラッグ

1 使わないブロックを外す

前のレッスンで作った三角形のプログラムをもとに作っていきましょう。
まずは **「○回繰り返す」ブロックをブロックパレットにドラッグ**して外します。

2 ペンの太さとスプライトの座標を設定する

「ペンの太さを○にする」ブロックの太さには「8」を入力し、「x座標を○、y座標を○にする」ブロックの座標は両方とも「0」にします。

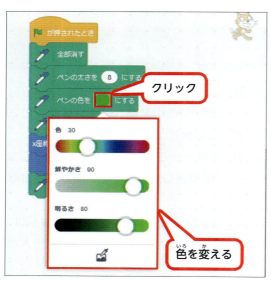

3 ペンの色を設定する

ペンの色は緑に設定してみましょう。
「ペンの色を○にする」ブロックの○部分をクリックし、「色」を「30」、「鮮やかさ」を「90」、「明るさ」を「80」に設定します。

4 「ずっと」ブロックをつなげる

『制御』の「ずっと」ブロックをドラッグしてブロックの一番下につなげます。
さらに「ずっと」ブロックの間に『動き』の「○歩動かす」ブロックを追加しましょう。歩数は「3」にします。

> 歩数が「10」のままだと、ちょっと動きが速すぎるな。

5 プログラムを実行して動きを確認する

🏁をクリックすると、スプライトは少しずつゆっくりと右向きに動き始めます。右端まで行くと止まってしまうので、🔴をクリックしてプログラムを停止しておきましょう。

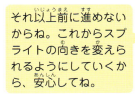

ステージの右端まで行ったら、止まっちゃったよ!?

それ以上前に進めないからね。これからスプライトの向きを変えられるようにしていくから、安心してね。

★「もし〜なら」ブロックを使おう

このままでは、右端に突き当たるまで進み続けることしかできません。そこで、「ずっと」ブロックの繰り返しの間に、キーボードが押されたかどうかを調べ、その結果によってスプライトの向きを変えるブロックを追加しましょう。

このように、条件を判断して処理を分岐するには、制御グループの「もし〜なら」ブロックを使います。このブロックは「〜」の部分で条件を調べて、条件が正しければくぼみに入れたブロックを実行します。条件が正しくなければ何も実行しません。「〜」の条件には、調べるグループの「〇キーが押された」ブロックを使います。

2 スプライトを動かしてみよう

57

1 「もし〜なら」ブロックをつなげる

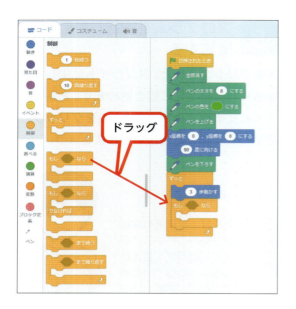

「○歩動かす」ブロックの下に、『制御』の「もし〜なら」ブロックをつなげます。

2 「○キーが押された」ブロックを入れる

『調べる』の「○キーが押された」ブロックを「もし〜なら」ブロックの「〜」の中に入れます。

「○キーが押された」ブロックの左端を、六角形のくぼみにあわせるようにドラッグすると、ぴたっと入るよ。

★ キー操作を調べて動きを変えよう

右向き矢印キーが押されると、スプライトが「90度」の方向、つまり右を向くように設定しましょう。「○キーが押された」ブロックのキーを設定し、「○度に向ける」ブロックを追加します。

1 条件を設定する

「○キーが押された」ブロックの▼をクリックし、実際に調べたいキーに変更しましょう。最初は**「右向き矢印」をクリック**して選んでおきましょう。

2 「○度に向ける」ブロックを入れる

「もし〜なら」ブロックの間に、『動き』の「○度に向ける」ブロックを入れます。
角度は「90」のままにします。

ねえねえ、右向き矢印キーを押してもスプライトの向きが変わらないよ……。

最初から「90度の向き」を向いてるからじゃない？

そういうこと。この「もし〜なら」ブロックをコピーして、ほかのキーを押したときのパターンも作っていこうね。

スプライトを動かしてみよう

★ スプライトの向きを4方向に変えよう

ここまで来たらあともう少しです。左・上・下に向きを変えるパターンも用意しましょう。

1 「もし〜なら」ブロックを複製する

右以外のパターンも同じブロックを使うので、「もし〜なら」ブロックをコピーしてキーや角度だけ変えましょう。

「もし〜なら」ブロックを右クリックし、「複製」をクリックします。

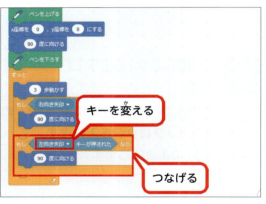

2 調べるキーを「左向き矢印」にする

複製したブロックを「もし右向き矢印が押されたなら」ブロックの下につなげます。調べるキーは「左向き矢印」にします。

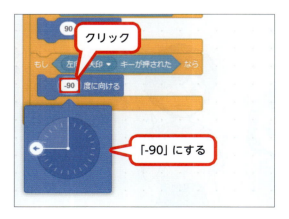

3 スプライトの角度を決める

左向き矢印キーが押されたら、スプライトが左に向くよう角度を変えましょう。

「○度に向ける」ブロックの角度の数字をクリックすると、角度を決めるダイヤルが表示されます。矢印をドラッグして「-90」にしましょう。

4 上向き・下向きも追加する

同じように、**ブロックを複製して**、「**上向き矢印**」キーは「**0**」度、「**下向き矢印**」キーは「**180**」度を向くように**設定**します。全部で4つの**「もし～なら」**ブロックが、**「ずっと」**ブロックの中でつながります。

これで完成だね！　さっそく動かしてみようよ。

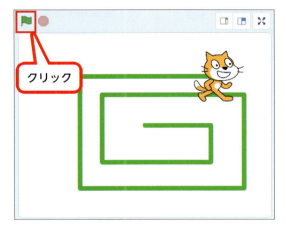

5 矢印キーでスプライトを操作する

🚩**をクリック**すると、スプライトは右に向かって、緑色の軌跡を描きながら動き始めます。右、左、上、下の4方向の矢印キーを押して、スプライトを動かしてみましょう。

※確認できたら、「動きのプログラム2」と名前を付けて、自分のパソコンの「ドキュメント」フォルダーに保存しておきましょう。

止めたいときは、🔴をクリックしてね。

チャレンジ問題 ❶ 答えはP.153

レッスン4の三角形を描くプログラムをもとに、星形を描くプログラムに作りなおしましょう。

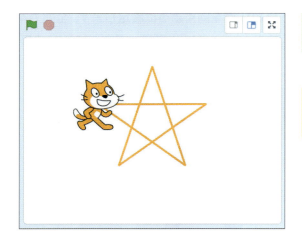

※操作をはじめる前に、レッスン4で保存した「動きのプログラム1」を開いておきましょう。

曲がるときの角度や何回繰り返せばいいのかを考えてみてね！

チャレンジ問題 ❷ 答えはP.153

レッスン5のキーボードでスプライトを動かすプログラムをもとに、下の図のような迷路に作りなおしましょう。
背景には「迷路」の画像を設定し、ゴール地点には「りんご」のスプライトを追加します。

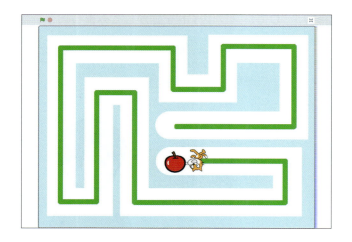

※操作をはじめる前に、レッスン5で保存した「動きのプログラム2」を開いておきましょう。

※背景「迷路」は、FOM出版のウェブサイトからダウンロードします。ダウンロードした画像を背景として使うには、スプライトリストのステージの下にある「背景を選ぶ」をポイントし、「背景をアップロード」を選びます。（ダウンロード方法はP.6）

CHAPTER 3
見た目を変化させよう

この章では、スプライトのコスチュームを切り替えてアニメーションを作ったり、色や大きさを変えてスプライトの見た目を変化させたりする方法を紹介します。

スプライトをアニメみたいに動かそう

ここでは、ペンギンのスプライトを使って、ゆっくり歩くプログラムを作ってみましょう。コスチュームが4種類あるから、動きがわかりやすいと思うわ。

いち、に、さん、し、いち、に、さん、し……わぁ、動く動く〜！

ちなみに、スプライトは大きさも変えられるのよ。コスチュームを順番に変える中に、大きさを変えるブロックも入れてみると……

あ、ペンギンが遠くなっていくよ！

ふふ、二人が見ているテレビのアニメも、こうやって絵を順番に変えながら作っているんだよ。

自分で描いた絵も動かしてみたいな〜。

3 見た目を変化させよう

65

LESSON 1 スプライトでアニメを作ってみよう

スプライトの絵のことを「コスチューム」といいます。このコスチュームを切り替えると、アニメーションのように見せることができます。アニメーション作りに挑戦してみましょう！

★ どうやってアニメーションになるの？

コスチュームは、服装や衣装を指す英語です。皆さんが洋服をいくつも持っているように、スプライトにも、複数のコスチュームを登録しておくことができます。コスチュームとして、手や足の位置が異なるものや表情が違うものなどを用意しておくと、絵を順番に切り替えて表示するだけで、アニメーションのように動いて見えるのです。

コスチューム1	コスチューム2	コスチューム1	コスチューム2	コスチューム1	コスチューム2

2つのコスチュームは手や足のポーズがちょっと違うね。

2つのコスチュームを交互に切り替えるだけなのよ。

アニメみたいに動いた！

★ コスチュームを確認しよう

最初からステージにいるネコのスプライトは、2つのコスチュームを持っています。もっと多くのコスチュームを持っている「Penguin 2」のスプライトを追加して、コスチュームを切り替えるプログラムを作ってみましょう。

※操作をはじめる前に、新しいプロジェクトを作成しておきましょう。

1 スプライトを追加する

ネコのスプライトの**「×」をクリック**して消します。
次にスプライトリストの**[スプライトを選ぶ] をクリック**します。

2 「Penguin 2」のスプライトを選ぶ

スプライトの一覧が表示されます。**「動物」カテゴリーを選び**、画面から**「Penguin 2」をクリック**します。

3 コスチュームを確認する

[コスチューム] タブをクリックすると、4つのコスチュームが入っていることがわかります。それぞれのコスチュームをクリックして、どのような違いがあるのか確認しましょう。確認できたら、**[コード] タブに戻し**ておきましょう。

コスチュームを順番に切り替えれば、ペンギンが歩いてるアニメができそう！

★ ペンギンを動かしてみよう

ペンギンの4つのコスチュームが順番に切り替わるプログラムを作ってみましょう。
コスチュームを切り替えるブロックは『見た目』グループにあります。

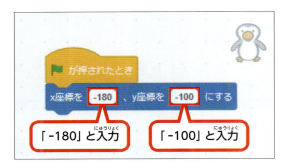

1 スプライトのスタート位置を設定する

『イベント』の「🏁が押されたとき」ブロックをコードエリアにドラッグし、『動き』の「x座標を〇、y座標を〇にする」ブロックをつなげます。x座標を「-180」、y座標を「-100」にしましょう。

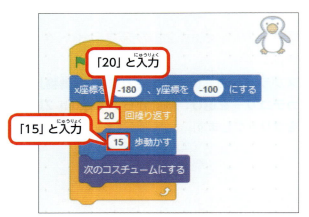

2 コスチュームを変える

『制御』の「〇回繰り返す」ブロックをつなげ、回数は「20」にします。
ブロックの間に『動き』の「〇歩動かす」と『見た目』の「次のコスチュームにする」ブロックを追加し、歩数を「15」にします。

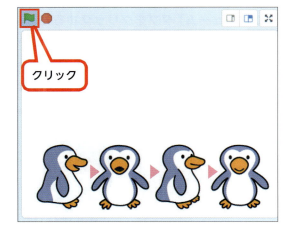

3 プログラムを実行して動きを確認する

🏁をクリックすると、ペンギンのコスチュームが切り替わって、歩いているように見えます。

> コスチュームの切り替わりがちょっと速すぎるかな……。

68

★ 待ち時間を追加してゆっくり歩かせよう

コスチュームが切り替わるプログラムができましたが、このままではすぐにプログラムが終わってしまいます。しかも、コスチュームの切り替えが速すぎて、ちょっとおかしな感じです。そこで「○秒待つ」ブロックを使い、コスチュームが切り替わるときの待ち時間を入れてみましょう。

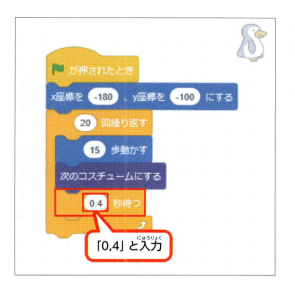

「0,4」と入力

1 「○秒待つ」ブロックを追加する

『**制御**』の「**○秒待つ**」ブロックを、「**次のコスチュームにする**」ブロックの**下につなげます**。「○秒待つ」ブロックの**秒数**を「**0.4**」に変えましょう。

クリック

2 プログラムを実行して動きを確認する

🚩を**クリック**して、ペンギンが前よりゆっくり歩くのを確認しましょう。

やった！
歩く様子が見えるようになった！

3 見た目を変化させよう

69

LESSON 2 スプライトの大きさを変えてみよう

ステージに表示されるスプライトの大きさは、スプライトによって異なります。スプライトは大きさを自由に変えられるので、変更方法を確認しましょう。

★ スプライトの大きさを確認しよう

ステージ上のスプライトの大きさは、パーセントで指定するだけでかんたんに変更できます。もとの大きさが100パーセントなので、数字を大きくするとサイズが大きくなり、数字を小さくするとサイズが小さくなります。

スプライトリストの上の「大きさ」を使うと、スプライトのサイズを確認したり、変更したりできます。

ペンギンのスプライトをコピーして、大きさを比べてみましょう。

1 ペンギンのスプライトをコピーする

スプライトリストの「Penguin 2」を右クリックし、「複製」を選びます。

2 ペンギンの大きさを変える

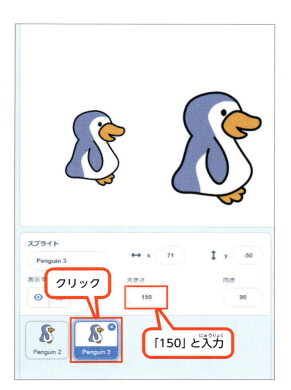

コピーした「Penguin 3」をクリックします。**スプライトリストの上の「大きさ」に、半角で「150」と入力**してみましょう。コピーしたスプライトが大きくなります。
確認できたら、**「Penguin 3」のスプライトを削除**しておきましょう。

ペンギンが大きくなったね！

★ スプライトの大きさをブロックで変えよう

スプライトの大きさはブロックを使って変えることもできます。スプライトの大きさを変えるには、『見た目』グループの「大きさを○ずつ変える」や「大きさを○％にする」ブロックを使います。
「大きさを○ずつ変える」ブロックを使って、レッスン1で作ったペンギンが歩くプログラムを修正しましょう。「大きさを○ずつ変える」ブロックの○に「10」と入力すると、110％、120％……というようにスプライトの大きさが変わります。

110％で1.1倍、120％で1.2倍、200％なら2倍の大きさね。

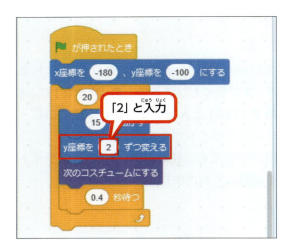

1 「y座標を○ずつ変える」ブロックを追加する

歩くたびにペンギンのスプライトが少しずつ上に移動するようにします。
『動き』の「y座標を○ずつ変える」ブロックを「○歩動かす」と「次のコスチュームにする」ブロックの間にドラッグします。「y座標を○ずつ変える」ブロックの数字を「2」に変えます。

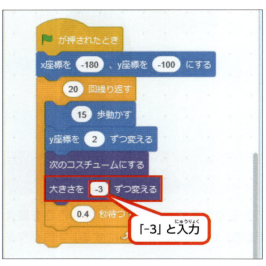

2 「大きさを○ずつ変える」ブロックを追加する

『見た目』の「大きさを○ずつ変える」ブロックを「次のコスチュームにする」と「○秒待つ」ブロックの間にドラッグします。数字は「-3」と入力します。

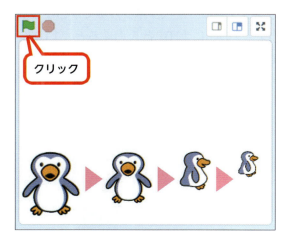

3 プログラムを実行して動きを確認する

ここまでのプログラムを実行してみましょう。🚩をクリックすると、ペンギンのスプライトが、少しずつ小さくなりながら歩いていきます。

★ スプライトの大きさをもとに戻そう

ここまで作ったプログラムを実行すると、2回目以降はペンギンのスプライトがどんどん小さくなり見えなくなってしまいます。そこで、『見た目』グループの「大きさを〇%にする」ブロックを使い、スプライトをもとの100%の大きさに戻してあげましょう。

1回目の実行
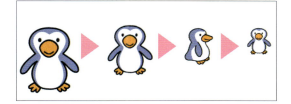

2回目の実行

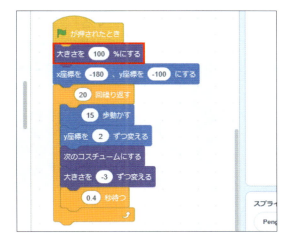

1　「大きさを〇%にする」ブロックを追加する

『見た目』の「大きさを〇%にする」ブロックを「▶が押されたとき」と「x座標を〇、y座標を〇にする」ブロックの間にドラッグします。大きさは「100」%のままで大丈夫です。

2　プログラムを実行して動きを確かめる

▶をクリックしてプログラムを実行してみましょう。スプライトがもとの大きさに戻ってから、少しずつ小さくなります。

見た目を変化させよう

73

LESSON 3 スプライトの色を変えてみよう

スプライトの色も、『見た目』グループのブロックでかんたんに変更できます。スプライトの色が変わっていくプログラムを作ってみましょう。

★ 色の効果を使ってみよう

スプライトの色を変えるときは、『見た目』グループにある「色の効果を○にする」ブロックを使います。ブロックの「0」の部分に数字を入力して、色をどれだけ変えるか指定します。ここでは「Beetle」のスプライトで試してみましょう。いろいろな色に塗り分けられたコスチュームの変化に注目です。

わたし、虫は苦手だな〜。

え〜っ!?
かっこいいじゃん。

ふふ、別のスプライトで試してもいいのよ。ステージの空いているところで確認しましょう。

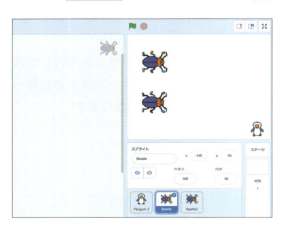

1 「Beetle」のスプライトを追加する

スプライトの一覧から**「Beetle」のスプライトを2つ追加**しておきましょう。

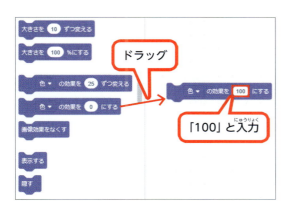

2 「色の効果を○にする」ブロックを置く

スプライトリストの「Beetle」をクリックして選びます。『見た目』の「色の効果を○にする」ブロックをコードエリアにドラッグし、「0」の部分を「100」に変えます。

3 「色の効果を○にする」ブロックをクリックする

「色の効果を○にする」ブロックをクリックすると、選んでいるスプライトの色が変わります。

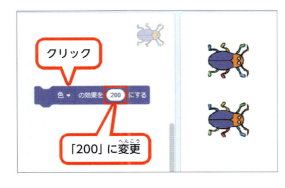

4 色の効果を変える

「色の効果を○にする」ブロックの「100」の部分を「200」に変えてから、ブロックをクリックしてみましょう。すると、スプライトがもとの色に戻ります。
確認できたら、2つの「Beetle」のスプライトを削除しておきましょう。

1つの数字で全体の色が変わった！

あれ、もとの色になった？どうして「200」で戻るの？

3 見た目を変化させよう

★ 色が変わるしくみを確認しよう

「色の効果を○にする」ブロックの数字は、どのようなルールで色が変わるのでしょうか？ Scratchでは、色を下の図のように円形に並べて扱います。「色の効果を○にする」ブロックの数字は、この色の円を「0」から「200」で1周するものと考えて、今の色からどれくらいずらすかを指定します。

色の変化の基準は、もともとのコスチュームの色になります。ネコのスプライトを例に考えると、コスチュームの色のオレンジが「0」になり、緑色が「50」、青色が「100」、紫色が「150」となり、「200」でオレンジ色に戻ります。数字で色が決まっているのではなく、もともとのコスチュームの色が基準になっているわけです。

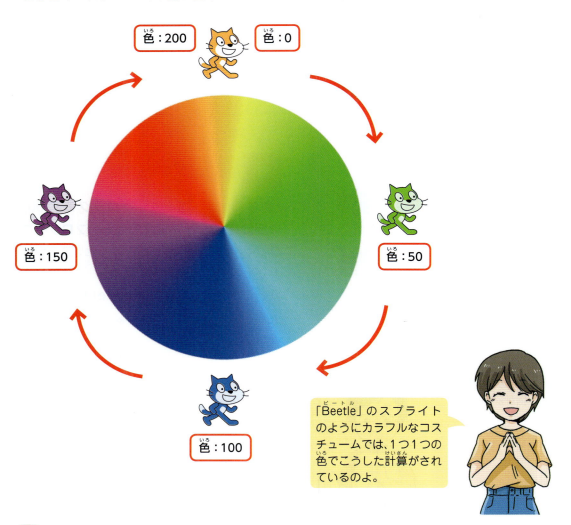

「Beetle」のスプライトのようにカラフルなコスチュームでは、1つ1つの色でこうした計算がされているのよ。

★ 少しずつ色を変化させよう

色を変えるブロックには、「色の効果を〇ずつ変える」ブロックもあります。このブロックを使うと、指定した数字の分だけ少しずつ色を変えることができます。これを使って色を少しずつ変えて、またもとの色に戻るプログラムを作ってみましょう。

1 「色の効果を〇ずつ変える」ブロックをつなげる

『見た目』の「色の効果を〇ずつ変える」ブロックを「大きさを〇ずつ変える」と「〇秒待つ」ブロックの間に追加して、数字を「10」に変えます。
また、色の設定をリセットするために、『見た目』の「画像効果をなくす」ブロックを「▶が押されたとき」と「大きさを〇％にする」ブロックの間に追加します。

2 プログラムを実行して動きを確認する

▶をクリックしてプログラムを実行しましょう。色が少しずつ変わりながら、ペンギンが歩いていきます。

色の効果を10ずつ変えているから、10×20回＝200でもとの色に戻るよ。色が変化している途中の様子を見てみてね。

色の変わり方がおもしろいね！

3 見た目を変化させよう

★ スプライトの明るさを変えてみよう

「色の効果を○にする」ブロックは、色を変えるだけでなく、「魚眼レンズ」や「渦巻き」などの見た目を変える効果がいろいろ用意されています。「明るさ」を使って、ペンギンが歩くにつれて少しずつコスチュームが明るくなるようにしてみましょう。

「明るさ」をプラスの数字で使うと、コスチュームの色が明るくなるのよ。暗い色にしたいときは、数字をマイナスにするの。

1 明るさの効果に変える

「色の効果を○ずつ変える」ブロックの▼をクリックし、「明るさ」を選択します。数字は「1」に変えましょう。

2 プログラムを実行して動きを確認する

▶をクリックしてプログラムを実行します。今度は色が変わるのではなく、ペンギンが歩きながら、コスチュームが少しずつ明るくなります。

※確認できたら、「見た目のプログラム 1」と名前を付けて、自分のパソコンの「ドキュメント」フォルダーに保存しておきましょう。

★ そのほかの効果を使ってみよう

「色の効果を〇にする」ブロックには、ほかにも次のような効果があります。どんなふうに見た目が変わるのかいろいろ試してみましょう。

魚眼レンズの効果

「魚眼レンズ」で数字を増やすと、コスチュームの中央部分がふくらみます。数字をマイナスにすれば、中央部分が縮みます。

渦巻きの効果

「渦巻き」はコスチュームの真ん中をつまんでひねったような効果です。数字がプラスのときは左回転、マイナスのときは右回転になります。

ピクセル化の効果

「ピクセル化」はコスチュームを粗い点（ドット）で表現します。ピクセル化では、数字のプラスとマイナスが同じ意味になります。

モザイクの効果

「モザイク」はもとの絵を小さくして並べる効果です。モザイクでは、数字のプラスとマイナスが同じ意味になります。

幽霊の効果

「幽霊」の効果を使うと、コスチュームが透明になります。数字が「100」のとき、完全な透明になって見えなくなります。「0」が普通の表示で、数字をマイナスにしても変化はありません。

 ほんとにいろいろな効果があるのね〜。

お化けのスプライトで幽霊の効果を使ってみたいなぁ。

 楽しい効果があるから、いろいろ試してみてね！

POINT 効果をまとめて消す

『見た目』グループの「画像効果をなくす」ブロックは、いくつもの効果が設定されたスプライトの見た目を、まとめてリセットしてくれます。

スプライトの見た目を1つ1つ戻そうとすると大変ですが、このブロックを使えばかんたんです。

クリック

LESSON 4 ステージの背景を変えてみよう

背景を入れるとステージが賑やかになるので、スプライトが動くだけで物語になりそうです。ここでは、背景を変える方法だけでなく、背景を自動的に切り替える方法も紹介します。

3 見た目を変化させよう

★ 背景を追加しよう

前のレッスンで作ったペンギンが歩くプログラムに合う背景を選びましょう。

1 背景を選ぶ

スプライトリストの「ステージ」の下にある**「背景を選ぶ」をクリック**します。

2 「Winter」の背景を追加する

背景の一覧が表示されます。雪景色の絵があるので使ってみましょう。
「屋外」カテゴリーを選び、「Winter」をクリックします。

81

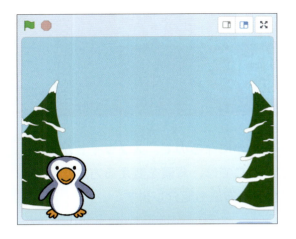

3 背景が「Winter」に変わった

ステージの背景が、雪景色の「Winter」に変わります。

「ファンタジー」とか「宇宙」とか、おもしろそうなカテゴリーがあるね！

4 「Slopes」の背景を追加する

同じようにして、背景に「Slopes」も追加しましょう。

POINT　読み込んだ背景を確認する

背景も、スプライトと同じように、1つのプロジェクトにいくつも登録することができます。読み込んだ背景を確認するには、[背景] タブを使います。[背景] タブの左側の一覧で、クリックした背景に切り替えることができます。

背景を自動的に切り替えよう

「背景を○にする」ブロックを使うと、ステージに表示する背景をプログラムの中で変更できます。ペンギンの動きに合わせて、背景が切り替わるようにするので、ブロックはペンギンのスプライトのコードに追加します。

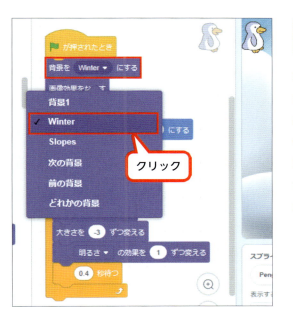

1 「Winter」の背景にする

スプライトリストの「Penguin 2」をクリックし、[コード]タブを選択しておきます。『見た目』の「背景を○にする」ブロックを「▶が押されたとき」と「画像効果をなくす」ブロックの間に追加します。「背景を○にする」ブロックの▼をクリックし、「Winter」を選びます。

2 「Slopes」の背景にする

ブロックの一番下に『見た目』の「背景を○にする」ブロックをつなげます。「背景を○にする」ブロックの▼をクリックし、「Slopes」を選びます。
これで背景が切り替わるようになります。

「Slopes」は「坂道」っていう意味なんだって！

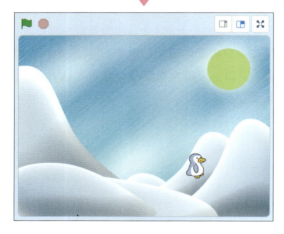

3 プログラムを実行して動きを確認する

ここまで作ったプログラムを実行してみましょう。

🚩**をクリック**すると、ペンギンが歩き終わったあと、背景が切り替わります。

背景が切り替わった！でも場面が変わっても前の背景の続きを歩くのって、なんか変じゃない？

そうね、ちょっと不自然かも。それじゃプログラムをなおしましょう！

★ ペンギンが滑るように動かそう

ここまで作ったプログラムにもう少しブロックを付け足して、雪山の上からペンギンが滑るようなアニメーションにしましょう。

1 背景が切り替わったときの位置と大きさを調整する

一番下の「背景を○にする」ブロックの下に『見た目』の「大きさを○%にする」ブロックをつなげて、大きさを「50」にします。さらに、『動き』の「x座標を○、y座標を○にする」ブロックをつなげて、x座標を「-200」、y座標を「135」に変更します。

2 プログラムを実行して動きを確認する

🚩をクリックすると、ペンギンが歩き終わったあとで背景が切り替わり、ペンギンの大きさや位置も変わります。

ペンギンさんが雪山の上にいるよ〜！

見た目を変化させよう　3

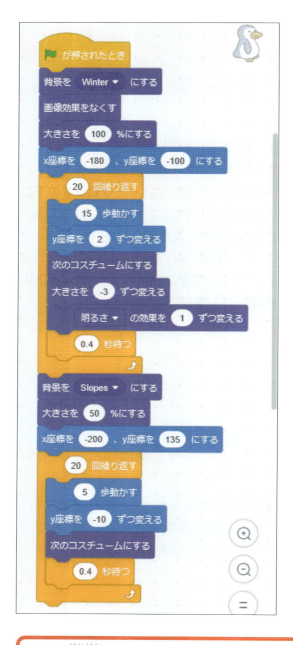

3 雪山の上から滑る動きを作る

左の完成例を参考にして、ブロックを複製して数値を変えたり、いらないブロックを削除したりして、雪山の上から滑る動きを作ってみましょう。

4 プログラムを実行して動きを確認する

ここまで作ったプログラムを実行してみましょう。 ▶をクリックすると、背景が切り替わったあと、雪山から滑るようにペンギンが動くアニメーションになりました。

※確認できたら、「見た目のプログラム 2」と名前を付けて、自分のパソコンの「ドキュメント」フォルダーに保存しておきましょう。

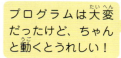
プログラムはちゃんと作れた？　うまくいかなかった人は 3 の完成例と見比べてみてね。

プログラムは大変だったけど、ちゃんと動くとうれしい！

POINT　背景にもプログラミングできる

今回は、背景を変えるブロックを、ペンギンのスプライトのコードとして追加しましたが、背景に対しても、スプライトと同じようにブロックをつなげてプログラミングすることができます。背景にプログラミングしたいときは、背景の [コード] タブに切り替えましょう。

LESSON 5
コスチュームを自分で描いてみよう

スプライトのコスチュームは、部分的に変えたり、違うパターンを作ったりすることができます。ここでは、オリジナルのコスチュームを作って、新しいスプライトを誕生させましょう！

★ 新しいスプライトを作ってみよう

新しいスプライトを作るには、スプライトリストに白紙のスプライトを追加し、そのコスチュームを描いていきます。コスチュームを描くには、ペイントエディターを使います。新しいスプライトを追加して、ペイントエディターを表示しましょう。

※操作をはじめる前に、新しいプロジェクトを作成しておきましょう。

1 新しいスプライトを追加する

ネコのスプライトを削除しておきます。スプライトリストの「スプライトを選ぶ」をポイントし、「描く」をクリックします。

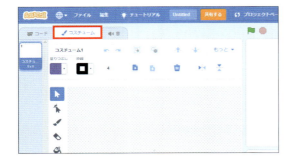

2 [コスチューム] タブが開く

新しいスプライトが作られ、[コスチューム] タブが開き、ペイントエディターに切り替わります。ここからオリジナルのコスチュームを描いていきましょう！

3 見た目を変化させよう

87

★ ペイントエディターを使ってみよう

ペイントエディターのツールには、次のようなものがあります。

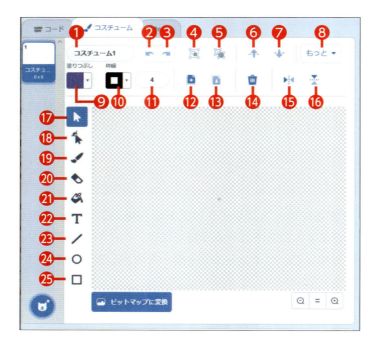

❶名前
コスチュームの名前を入力します。

❷元に戻す　❸やり直し
失敗した操作を元に戻したり、戻しすぎた操作をやり直したりします。

❹グループ化　❺グループ解除
複数の図形を1つのグループにまとめます。また、グループを解除します。

❻手前に出す　❼奥に下げる　❽もっと
選んでいる図形を重なっている図形の前や後ろに移動します。

❾塗りつぶし
選んでいる図形の色を設定します。

❿枠線　⓫枠線の太さ
選んでいる図形の外枠の線の色と太さを設定します。枠線の太さを「0」にすると、枠線がなしになります。

⓬コピー　⓭貼り付け
選んでいる図形をコピーして、もう1つ同じ図形を貼り付けます。

⓮削除
選んでいる図形を削除します。

⑮ 左右反転　⑯ 上下反転
選んでいる図形を左右 または 上下に反転します。

⑰ 選択
編集する図形を選びます。
図形の周りの●（ハンドル）をドラッグすると、
図形のサイズを変更できます。

⑱ 形を変える
変形する図形を選びます。
図形の周りの○（ハンドル）や線をドラッグすると、
図形を変形できます。

⑲ 筆
ドラッグで線を描きます。

⑳ 消しゴム
ドラッグで描いた図形を消します。

㉑ 塗りつぶし
クリックした位置の図形の色を変更します。

㉒ テキスト
クリックした位置に文字を入力します。

㉓ 直線
直線を描きます。

㉔ 円
円や楕円を描きます。

㉕ 四角形
四角形を描きます。

★ パンダを描いてみよう

図形や変形を使って、次のようなパンダを描いてみましょう。

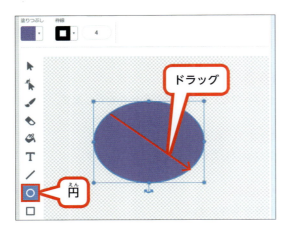

1 顔の輪郭を描く

顔の輪郭は「円」を使って描きます。
「円」をクリックし、**キャンバスの中央付近をドラッグ**して、横長の楕円にします。
大きさを変更したいときは、楕円の周りの●（ハンドル）をドラッグします。

2 顔の色を変える

楕円の周りに●（ハンドル）が付いていることを確認します。●が付いていないときは、「選択」をクリックして楕円を選びます。
上側の**「塗りつぶし」の▼をクリック**します。

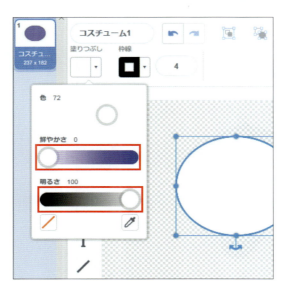

3 塗りつぶしの色を白にする

塗りつぶしの色は、「色」「鮮やかさ」「明るさ」の設定バーの○をドラッグすると、調整できます。
白色は、**「鮮やかさ」を「0」**、**「明るさ」を「100」になるように○をドラッグ**します。
顔が白色になったら、**何もないところでクリック**して色を決定しておきましょう。

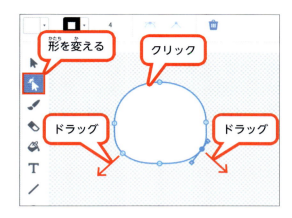

4 顔の輪郭を変形する

顔の下側を少し広げて変形してみましょう。
「形を変える」をクリックしてから**楕円を選**
ぶと、周りに○が表示されます。この状態で
周りの線をドラッグすると、楕円を変形でき
ます。
変な形になったときは、「元に戻す」をク
リックして、操作を取り消しましょう。

5 耳を描く

続いて耳を描きましょう。耳は、先に色を設
定してから楕円を描いてみましょう。
何もないところでクリックして、選択を解除
しておきましょう。
上側の**「塗りつぶし」**の▼をクリックし、**「明**
るさ」が「0」になるように○をドラッグし
て黒色にします。
次に、**「円」をクリック**し、頭の上で**横方向に**
ドラッグして、横長の楕円にします。

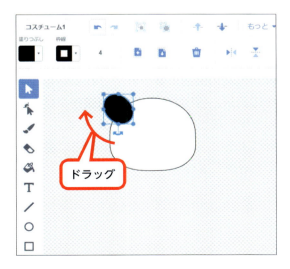

6 耳を傾ける

楕円の下側の**矢印（ハンドル）を左方向にド**
ラッグして、耳を傾けます。

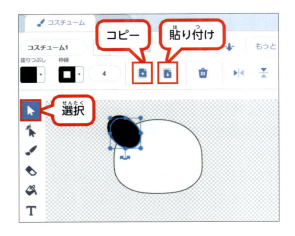

7 もう片方の耳をコピーする

楕円の周りに●が表示されていることを確認し、**「選択」をクリック**します。
次に、**「コピー」「貼り付け」の順にクリック**します。

8 コピーした耳を左右反転する

コピーされた楕円に●が表示されていることを確認し、**「左右反転」をクリック**します。**コピーされた楕円を頭の反対側に動かしておきましょう。**

9 耳を顔の後ろに移動する

片方の耳の周囲に●が表示されていることを確認し、**「奥に下げる」を何度かクリック**します。耳が顔の後ろに移動します。
同じように、**反対側の耳も顔の後ろに移動**しておきましょう。

10 パンダを仕上げる

パーツのヒントをもとに、今まで使ったツールを使って、パンダを完成させましょう。

●目の周り・目
目の周りと目は「円」を使って描きます。目の周りの円は縦長にし、垂れ目に見えるように斜めに傾けて変形します。目は白色で小さく描きます。耳と同じように、片方を描いて、コピー・貼り付けし、左右反転すると効率的です。

●鼻
「円」を使って、横長の楕円を描きます。

●口・頬
「円」を使って描き、変形します。口の色は薄い赤色、頬はピンク色にし、枠線なしにします。

●胴体
「円」を使って描き、変形します。

●腕・胸
「円」を使って描き、変形します。1つの楕円で両腕と胸を表現します。胴体の後ろに移動します。

●足
「円」を使って描きます。足も耳と同じように、片方を描いて、コピー・貼り付けし、左右反転すると効率的です。片方の足は胴体の後ろに移動します。

ふ〜、なんとか描けた！

これでパンダのできあがりだね。

かわいい〜♪

POINT 色を確認しよう

パンダを描くのに使った色の組み合わせは、次のとおりです。いろいろ調整してみましょう。

白（顔、胴体）	黒（目、腕、足）	赤（口）	ピンク（頬）
色 72 鮮やかさ 0 明るさ 100	色 0 鮮やかさ 100 明るさ 0	色 0 鮮やかさ 63 明るさ 100	色 0 鮮やかさ 16 明るさ 100

★ コスチュームのバリエーションを作ろう

自分で作ったスプライトも、Scratchに用意されていた「ネコ」や「ペンギン」のように、コスチュームを複数登録できます。パンダの表情や、腕や足の位置を変えて、もう1つコスチュームを作ってみましょう。

1 コスチュームを複製する

「コスチューム1」を右クリックし、「複製」をクリックします。「コスチューム2」が作られます。

2 コスチューム2を編集する

「コスチューム2」を選択し、表情や腕、足などを自由に変えてみましょう。ここでは、口元などの形を変え、足の前後を入れ替えてみました。

※「見た目のプログラム3」と名前を付けて、自分のパソコンの「ドキュメント」フォルダーに保存しておきましょう。

2つのコスチュームを順番に表示したらアニメーションになりそう！

POINT 背景を自分で描く

背景も自分で自由に描くことができます。新しい背景を作るには、スプライトリストの「ステージ」の下にある [背景を選ぶ] にポイントし、「描く」をクリックします。
描き方はコスチュームと同じです。

POINT 自分で作ったスプライトをファイルとして保存する

自分で作ったスプライトをほかのプロジェクトでも使うには、ファイルとして保存する必要があります。ファイルとして保存することを「書き出し」、そのファイルを使うことを「アップロード」といいます。

スプライトを書き出す

スプライトを書き出すには、スプライトリストのスプライトを右クリックし、「書き出し」を選びます。

スプライトをアップロードする

書き出したファイルを使うには、スプライトリストの [スプライトを選ぶ] をポイントし、「スプライトをアップロード」を選びます。

チャレンジ問題 ❶

次のような背景を描いてみましょう。

※操作をはじめる前にレッスン5で保存した「見た目のプログラム3」を開いておきましょう。

チャレンジ問題 ❷

答えはP.154

レッスン5で作ったスプライトとチャレンジ問題1で描いた背景を使って、パンダが奥から手前に向かってくるようなアニメーションのプログラムを作ってみましょう。

CHAPTER 4

音を鳴らしてみよう

Scratchでは、音を使ったプログラミングもかんたんにできます。
この章では、スプライトから音を鳴らして効果音を付けたり、音楽を演奏してBGMのように流したりする方法を紹介します。

音を鳴らすにはどうすればいいの?

Scratchで音が鳴るブロックのグループはいくつかあって、それぞれに得意な音があるの。

「ニャー」って鳴くのは音グループね。

そうね。音グループのブロックは、それぞれのスプライトならではの音が鳴らせるわ。拡張機能の音楽グループのブロックなら楽器の演奏もできるの！

うちで飼ってる犬の声とか使えないかな？

録音機能もあるから、もちろん使えるよ。音の編集もかんたん。

ほかにはどんな機能があるの？

拡張機能の音声合成グループのブロックは、入力した文字をしゃべってくれるよ！

すごい、本当に自由自在だね！

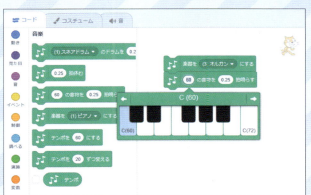

4 音を鳴らしてみよう

LESSON 1 スプライトから音を鳴らそう

音を鳴らすときは、音グループのブロックを使います。
まずは、スプライトから音を鳴らしてみましょう！
音はスプライトごとに違うので、いろいろ試してみてね。

★ スプライトから音を鳴らしてみよう

「〜の音を鳴らす」ブロックを使うと、スプライトに設定されている音を鳴らすことができます。

※操作をはじめる前に、新しいプロジェクトを作成しておきましょう。

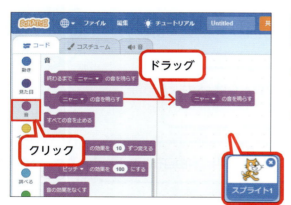

1 「〜の音を鳴らす」ブロックを置く

スプライトリストでネコを選んで、『音』の「ニャーの音を鳴らす」ブロックをコードエリアにドラッグします。

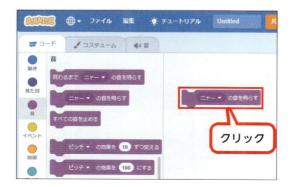

2 「〜の音を鳴らす」ブロックをクリックする

「ニャーの音を鳴らす」ブロックをクリックしてみよう。「ニャー」と鳴き声がしたかな？
音が聞こえなかったり、大きかったりしたときは、パソコンのボリュームを調整してね。

100

★ 音の高さを変えてみよう

同じ音でも音の高さを変えると違う音に聞こえます。音の高さを変えるには、「ピッチの効果を○にする」ブロックを使います。音の高さのことを「ピッチ」といい、ブロック内の数字が大きいと高い音、数字が小さいと低い音になります。

高い声で子ねこみたいだね。

1 「ピッチの効果を○にする」ブロックをつなげる

『音』の「ピッチの効果を○にする」ブロックを「ニャーの音を鳴らす」ブロックの上にドラッグします。
ブロックがつながったら、**ブロックをクリック**して音を鳴らしてみよう。

「-50」と入力

低い音で親ねこの声みたいだね。

2 音の高さを変える

「ピッチの効果を○にする」ブロックの数字を「100」から「-50」に変えてみましょう。**ブロックをクリック**して、音が低くなったことを確認してみよう。
確認できたら、**数字を「0」と入力**して、もとの音の高さに戻しておきましょう。

POINT 音を追加しよう

スプライトに設定されている音と違う音を鳴らしたいときは、別の音を追加できます。音を追加するには、[音] タブの左下の「音を選ぶ」をクリックして表示される一覧から好きな音を選びます。

101

LESSON 2 録音したオリジナルの音を鳴らしてみよう

スプライトから鳴らす音を自分で録音することもできます。
パソコンのマイクで自分の声や効果音を録音して、オリジナルの音を作ってみましょう！

★ 自分の声を録音してみよう

ネコの鳴きまねをしたり、「こんにちは」と話したりして、自分の声を録音してみましょう。録音するには、パソコンのマイクを使います。操作する前に、パソコンにマイクが付いているか確認しておきましょう。マイクが付いてない場合は、あとからマイクを付けることができるので、おとなの人に相談してね。

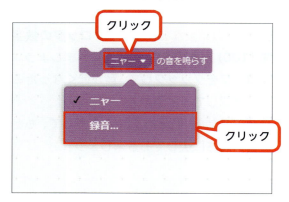

1 録音の準備をする

コードエリアの「ピッチの効果を○にする」ブロックは使わないので外します。上側のブロックを外すときは、**ブロックの上で右クリック**し、**「ブロックを削除」を選びます**。
「ニャーの音を鳴らす」ブロックの▼をクリックし、**「録音…」を選びます**。

2 マイクを使えるようにする

「scratch.mit.eduがマイクを使うことを許可しますか？」と表示された場合は、**「はい」をクリック**しておきましょう。

3 録音を開始する

「録音する」をクリックすると、録音がスタートします。ねこの鳴きまねをしたり、「こんにちは」と話したりしてみましょう。

あとから使う部分だけ切り取れるから、あわてずに録音しよう！

4 録音を終了する

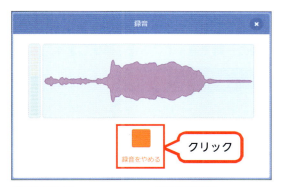

「録音をやめる」をクリックすると、録音がストップします。

5 使う部分だけ切り取る

「再生」をクリックして、録音できているか、いらない音が入っていないか確認します。いらない音が入っている場合は、**音の波形の左右のつまみをドラッグ**して、使わない範囲を赤色にします。

6 音を保存する

使う範囲が決まったら、**[保存]をクリック**します。

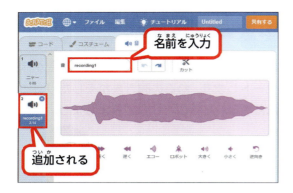

7 音に名前を付ける

録音した音は、「recording1」という仮の名前で [音] タブに追加されます。

「recording1」をクリックして、**「自分の声」**と**入力**し、**「Enter」キーを押します**。

POINT 音を編集しよう

[音] タブでは、音のいらない部分を切り取るだけでなく、いろいろな音の編集ができます。スプライトに複数の音が登録されている場合は、左側の一覧で選んでいる音を編集します。

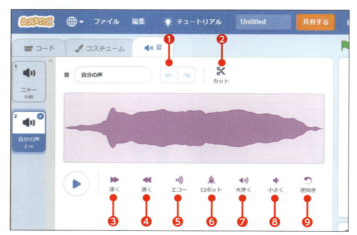

❶元に戻す
設定した音の編集を取り消します。

❷カット
音を保存したあとにいらない部分を切り取ります。

❸速く
音の再生速度を速くします。

❹遅く
音の再生速度を遅くします。

❺エコー
音に山びこのような効果を設定します。

❻ロボット
音に雑音を加えて、ロボットがしゃべっているように設定します。

❼大きく
音量を大きくします。

❽小さく
音量を小さくします。

❾逆向き
音を逆再生します。

★ 録音した音を鳴らしてみよう

録音した音は、「〜の音を鳴らす」ブロックの▼の一覧に新しく追加されます。音を切り替えて確認してみましょう。また、スプライトをクリックすると音が鳴るように、ブロックを追加しましょう。

1 録音した音を選ぶ

[コード] タブをクリックします。
コードエリアの「ニャーの音を鳴らす」ブロックの▼をクリックし、「自分の声」を選びます。

2 録音した音を鳴らす

『イベント』の「このスプライトが押されたとき」を「自分の声の音を鳴らす」ブロックの上にドラッグします。
ステージのネコのスプライトをクリックして、音を確認しておきましょう。

※確認できたら、「音のプログラム1」と名前を付けて、自分のパソコンの「ドキュメント」フォルダーに保存しておきましょう。

わーっ！
ほんとにぼくの声が出た!!

LESSON 3 スプライトの動きに合わせて音を鳴らそう

スプライトとスプライトがぶつかったら、音が鳴るプログラムを作ってみましょう。複数のスプライトにそれぞれプログラミングするから、少し難しくなるけど、ゲーム作りに一歩近づくよ！

★ スプライトを動き回らせよう

このレッスンでは、「ねこ」「あひる」「こうもり」「かに」の4種類のスプライトを使って、ねこがほかのスプライトにぶつかったら音が鳴るようにします。

まずは、「ねこ」を動かすプログラムを作りましょう。「ねこ」の動きは、マウスポインターを追いかけて自由に動き回るように設定します。

マウスポインターを追いかけているように見せるには、動きグループの「マウスのポインターへ向ける」と「○歩動かす」ブロックを組み合わせ、2つの動きを繰り返し実行します。

※操作をはじめる前に、新しいプロジェクトを作成しておきましょう。

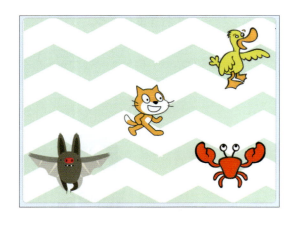

1 スプライトと背景を追加する

スプライトリストの「スプライトを選ぶ」をクリックして、「動物」カテゴリーの「Bat」「Crab」「Duck」を追加します。

次に、ステージの「背景を選ぶ」をクリックして、「模様」カテゴリーの「Stripes」を選びます。スプライトが重ならないように動かしておきましょう。

2 スプライトの名前を変える

わかりやすいようにスプライトの名前を変えておきましょう。
スプライトリストで「スプライト1」を選んだあと、名前ボックスをクリックして「ねこ」と入力し、「Enter」キーを押します。
ほかのスプライトの名前も「あひる」「こうもり」「かに」に変えておきましょう。

3 「ねこ」のコードを作る

スプライトリストで「ねこ」を選び、『イベント』の「▶が押されたとき」、『制御』の「ずっと」ブロックをコードエリアにドラッグします。次に、**『動き』の「マウスのポインターへ向ける」と「○歩動かす」ブロックを「ずっと」ブロックの中にドラッグ**します。歩数は「10」のままにします。

4 プログラムを実行して動きを確認する

▶**をクリック**して、ねこがマウスポインターを追いかけて自由に動きまわることを確認しましょう。
確認できたら、●**をクリック**して、プログラムを停止しておきましょう。

よし、ねこが動くところまでできた！

★ スプライトにぶつかったら音を鳴らそう

次に、「ねこ」が「あひる」にぶつかったら、「あひる」から音が鳴るようにしてみましょう。スプライトどうしがぶつかったことを判断するために、「もし〜なら」ブロックを使います。「あひる」のプログラムができたら、「こうもり」にプログラムをコピーします。

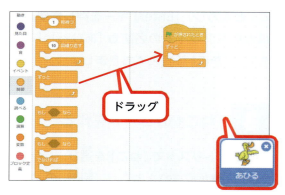

1 「あひる」のコードを作る

スプライトリストで「あひる」をクリックし、「あひる」のコードエリアを表示します。『イベント』の「▶が押されたとき」、『制御』の「ずっと」ブロックをコードエリアにドラッグしましょう。

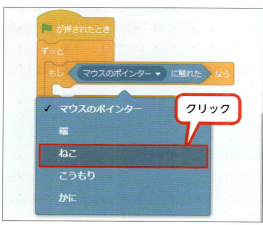

2 音を鳴らす条件を作る

音を鳴らす条件を設定するために、『制御』の「もし〜なら」ブロックを「ずっと」ブロックの中にドラッグします。
「もし〜なら」ブロックの六角形のくぼみには、『調べる』の「〜に触れた」ブロックを入れましょう。ブロックが入ったら、「マウスポインターに触れた」ブロックの▼をクリックし、「ねこ」を選びます。

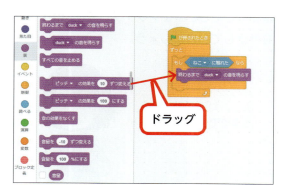

3 音を鳴らすブロックを追加する

今回は、長い音でも確実に最後まで再生する「終わるまで〜の音を鳴らす」ブロックを使います。『音』の「終わるまで〜の音を鳴らす」ブロックを「もし〜なら」ブロックの中にドラッグしてみましょう。音は「duck」のままにします。

4 プログラムを実行して動きを確認する

🏁をクリックして、「ねこ」と「あひる」がぶつかったら、音が鳴ることを確認しましょう。確認できたら、🔴をクリックして、プログラムを停止しておきましょう。

5 「あひる」のコードを「こうもり」にコピーする

「あひる」のコードエリアのブロックを、「こうもり」のコードエリアにまとめてコピーしましょう。

「あひる」のコードエリアのブロックを、スプライトリストの「こうもり」にドラッグします。「こうもり」が揺れたら、ドラッグの指を離します。

6 「こうもり」のコードを確認する

スプライトリストで「こうもり」をクリックすると、「こうもり」のコードエリアが表示され、「あひる」のコードがコピーされていることが確認できます。
「終わるまでduckの音を鳴らす」ブロックの▼をクリックし、**「owl」を選びます**。
プログラムを実行して、「ねこ」が「こうもり」にぶつかっても音が鳴ることを確認しておきましょう。

109

★ スプライトにぶつかったらしゃべらせよう

「かに」には鳴き声が用意されていないので、拡張機能の「音声合成」を使って、言葉をしゃべるように設定してみましょう。「ねこ」が「かに」にぶつかったら、「痛い」としゃべるようにします。

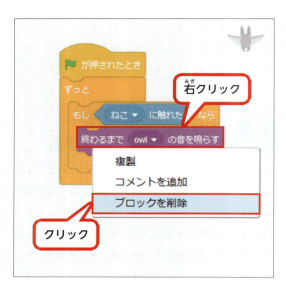

1 「かに」のコードを作る

「こうもり」のコードエリアのブロックを、スプライトリストの「かに」にドラッグしてコピーします。「かに」が揺れたら、ドラッグの指を離します。
「かに」には使わない「終わるまで〜の音を鳴らす」ブロックを外します。**「終わるまで〜の音を鳴らす」ブロックを右クリック**して、**「ブロックを削除」をクリック**しましょう。

2 音声合成の拡張機能を追加する

画面左下の「拡張機能を追加」をクリックして、拡張機能の一覧から**「音声合成」をクリック**します。
拡張機能の音声合成が追加されると、グループの一番下に『音声合成』グループが追加されます。**『音声合成』をクリック**して、ブロックを確認してみましょう。

110

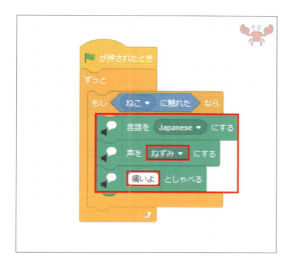

3 「かに」がしゃべるブロックを追加する

『音声合成』の「言語をJapaneseにする」、「声を〜にする」、「○としゃべる」ブロックを、「もし〜なら」ブロックの中にドラッグします。言語は「Japanese（日本語）」のままにします。

「声を〜にする」ブロックの▼をクリックし、「ねずみ」を選びます。「○としゃべる」ブロックの「こんにちは」をクリックして「痛いよ」と入力し、「Enter」キーを押します。

4 プログラムを実行して動きを確認する

をクリックして、「ねこ」と「かに」がぶつかったときに、「痛いよ」としゃべることを確認しましょう。

確認できたら、をクリックして、プログラムを停止しておきましょう。

しゃべる内容や声の種類を変えて、試してみましょう。

※確認できたら、「音のプログラム2」と名前を付けて、自分のパソコンの「ドキュメント」フォルダーに保存しておきましょう。

かににぶつかったら「痛いよ」ってしゃべった！

言語を「English」に変えて単語を入力すると、英語もしゃべれるよ！

LESSON 4 音楽を演奏してみよう

拡張機能の「音楽」を使うと、いろいろな楽器の音色で曲を演奏することもできちゃうのよ。まずは、「ド」「レ」「ミ」…の音階を鳴らしてみましょう！

★ 楽器の演奏方法を確認しよう

楽器で演奏するには、拡張機能の「音楽」を追加します。音楽のブロックを使うと、音の高さや長さ、テンポなどを自由に変えることができるので、好きな曲を演奏することもできるようになります。

まずは、低い「ド」から1オクターブ上の「ド」まで、オルガンの音色で演奏してみましょう。

※ 操作をはじめる前に、新しいプロジェクトを作成しておきましょう。

1 音楽の拡張機能を追加する

画面左下の「拡張機能を追加」をクリックして、拡張機能の一覧から「音楽」をクリックします。

2 音楽のブロックを確認する

拡張機能の音楽が追加されると、グループの一番下に『音楽』グループが追加されます。『音楽』をクリックして、演奏用のブロックを確認してみましょう。

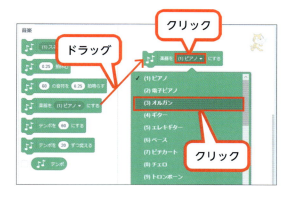

3 楽器を選ぶ

『音楽』の「楽器を〜にする」ブロックをコードエリアにドラッグします。
「楽器を〜にする」ブロックの▼をクリックし、「(3) オルガン」を選びましょう。

4 音階と音の長さを設定するブロックをつなげる

『音楽』の「○の音符を○拍鳴らす」ブロックを「楽器を〜にする」ブロックの下にドラッグしてつなげます。

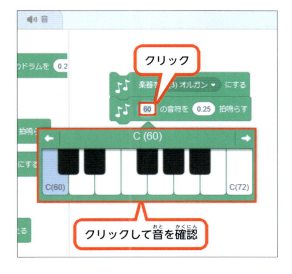

5 音の高さを設定する

「○の音符を○拍鳴らす」ブロックの「60」が音の高さを表しています。**「60」をクリック**すると、鍵盤が表示されるので、鍵盤の位置を確認しながら音の高さを設定できます。いろいろな音を確認したら、**「C (60)」と書かれている鍵盤をクリック**して低い「ド」に戻しておきます。

鍵盤の左右の⬅➡のボタンをクリックすると、さらに低い音、高い音の鍵盤が出てくるよ！

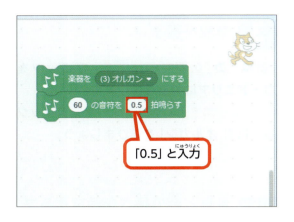

6 音の長さを設定する

「○の音符を○拍鳴らす」ブロックの「0.25」が音の長さを表しています。例えば、「0.25」を4分音符として考えると、「0.5」にすると倍の長さの2分音符として演奏できます。
「0.25」を「0.5」に変えましょう。
ブロックをクリックして、音が長くなっていることを確認しましょう。

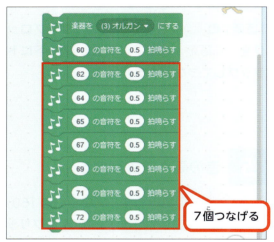

7 ブロックをつなげて音階を作る

『音楽』の「○の音符を○拍鳴らす」ブロックをあと7個つなげて、音の高さを1オクターブ上の「ド」まで設定しましょう。音の長さをすべて「0.5」にします。
ブロックをクリックして、音階が演奏されることを確認しておきましょう。

8 スプライトをクリックして演奏を開始する

『イベント』の「このスプライトが押されたとき」を「楽器を (3) オルガンにする」ブロックの上にドラッグし、背景に「Party」を設定します。

それでは、**ステージのネコをクリック**して、演奏を開始しましょう。

※確認できたら、「音のプログラム 3」と名前を付けて、自分のパソコンの「ドキュメント」フォルダーに保存しておきましょう。

POINT 音の高さ・音の長さを設定しよう

Scratchでは、音の高さを番号で表します。ピアノやオルガンの鍵盤で真ん中にある「ド」の音が「60」に設定されており、数字が「1」増えると、音が半音上がります。
この番号は、「MIDI (Musical Instrument Digital Interface)」という規格で決められています。

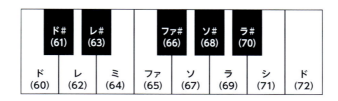

音の長さも数字で表します。「0.25」拍を4分音符1つ分として考えてみます。4分音符は、楽譜の1小節に4つの音が入る長さです。そうなると、2分音符は、1小節に2つ音が入る長さなので、音の長さの設定は「0.5」になります。8分音符は、4分音符の半分の長さなので「0.125」といった具合になります。

音符		ブロックで表現
全音符	o	60 の音符を 1 拍鳴らす
2分音符	♩	60 の音符を 0.5 拍鳴らす
4分音符	♩	60 の音符を 0.25 拍鳴らす
8分音符	♪	60 の音符を 0.125 拍鳴らす

なにか曲をひいてみたいな。

チャレンジ問題 ❶   答えはP.154

「Bell」のスプライトに、低い「ド」から1オクターブ上の「ド」までの音階を設定し、スプライトがぶつかったら、音が鳴るプログラムを作成しましょう。
スプライトは、大きさを50%に小さくして、マウスポインターを追いかけて動き回るように設定します。

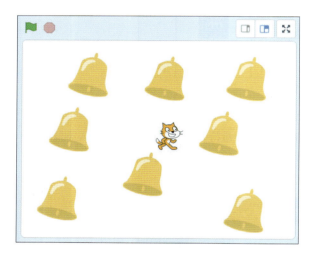

※操作をはじめる前に、新しいプロジェクトを作成しておきましょう。

※楽器の種類や音の長さなど指定がないものは、自分で自由に決めましょう。

チャレンジ問題 ❷   答えはP.155

下の楽譜を参考に、童謡『キラキラ星』をギターの音色で演奏するプログラムを作成しましょう。
4分音符を「0.25」拍、2分音符を「0.5」拍で設定し、自分の好きなテンポに調整しましょう。

※操作をはじめる前に、新しいプロジェクトを作成しておきましょう。

最後まで知っている人は、続きを演奏してみてね！

CHAPTER 5

ゲームを作ろう

この章では、ゲームを作ります。といっても使うブロックは、これまでに出てきたものがほとんど。ブロックの組み合わせは少し複雑になりますが、ここまで操作してきた人なら十分に理解できるはず！
がんばって完成させましょう。

ゲームを作って遊ぼう！

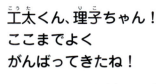

えーっと、サルを動かすプログラムと……
フルーツに触ったときのプログラムがいるよね。

やっぱり敵がいなくちゃね！敵に触ったら
ゲームオーバーになるようにしようよ。

うんうん、二人とも、いい感じよ。まずはどんな動きをさせようかって考えて、それをブロックで作っていくの。

うーん、たくさんブロックがあって目が回りそうだね……。

ここまでのレッスンで二人ともプログラムの作り方はマスターできてるわ。あとは順番に考えていくだけよ。あせらなくて大丈夫！　いろいろ試しながらやってみよう！

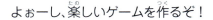

よぉーし、楽しいゲームを作るぞ！

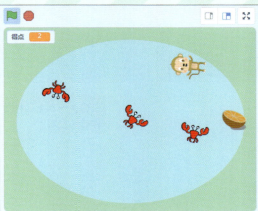

5 ゲームを作ろう

119

LESSON 1 どんなゲームを作るのか確認しよう

実際にゲームを作り始める前に、これから作っていくゲームがどのようなものなのかを確認しましょう。
ゲームのタイトルは「サルカニ合戦」です。

★ ゲームのルールを確認しよう

このゲームの目的は、サルを動かしてステージに表示されるフルーツをできるだけ多く取ることです。フルーツを取るたびに、得点として1点が加算されます。ステージにはカニも歩き回っています。カニに触ってはさみに挟まれると、そこでゲームオーバーとなってしまうので、カニに触らないよう注意しながら、サルを動かしてフルーツをたくさん取りましょう。

このゲームをこれから作るんだね！

★ 登場するキャラクターを確認しよう

このゲームには、サル、カニ、フルーツ、という3種類のキャラクターが登場します。サルは1匹だけです。フルーツも一度に表示されるのは1個ですが、順番に種類が変わります。カニは同時に3匹登場します。

キャラクター	役割
サル	サルは、マウスのポインターについてくるように動きます。ステージに表示されているフルーツに触ると、そのフルーツを取ることができます。 また、カニに触ると、カニのはさみで挟まれて、ゲームオーバーとなります。
カニ	カニは、常に同時に3匹がステージの中を勝手に歩き回ります。カニはステージの真ん中にある楕円の外に出ることができません。楕円の端に行くと向きを変えて歩き出します。サルに触られるとはさみで挟んで、ゲームオーバーになります。
フルーツ	フルーツは、サルに取られるたびにリンゴ→バナナ→オレンジ→イチゴ→リンゴ…のように、順番に種類が変わります。サルに取られると消え、またしばらくすると、ステージ上のどこかに次の種類のフルーツが表示されます。

★ どんなステージにするか確認しよう

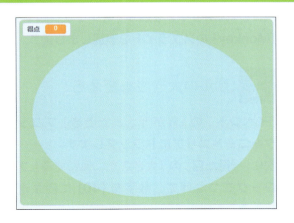

ゲームのステージはシンプルで、真ん中に水色の楕円があります。これは池を表しています。カニが歩き回れるのは、この池の中だけです。外側にいれば、カニのはさみに挟まれる心配はありません。ただし、フルーツは池の中に現れることがあるので、そのときは危険を冒してカニの陣地に入って取らなければなりません。また、ステージの左上には、常に得点が表示されています。

5 ゲームを作ろう

121

LESSON 2 サルの動きを作ってみよう

はじめに、ゲームの主役「サル」の動きを作りましょう！
第4章で作ったネコのスプライトをマウスで動かすプログラムをベースに、ゲームとして必要なブロックを追加していきます。

★ サルの動きを作ろう

新しいプロジェクトを作成して、サルのスプライト「Monkey」を追加しましょう。Monkeyのスプライトはゲームで動かすには大きいので40％に縮小します。
サルの動きは、「マウスのポインターへ向ける」「○歩動かす」「ずっと」のブロックを使って、マウスの動きを追いかけるようにしてみましょう。覚えているかな？

※操作をはじめる前に、新しいプロジェクトを作成しておきましょう。

1 スプライトを準備する

スプライトリストのネコの「×」をクリックしてスプライトを消します。
次に、**「スプライトを選ぶ」をクリック**して、**「Monkey」のスプライトを追加**しましょう。

2 サルの大きさを変える

『イベント』の「🏁が押されたとき」ブロックをコードエリアにドラッグします。
次に、『見た目』の「大きさを○％にする」ブロックをつなげて、数字を「40」に変えましょう。

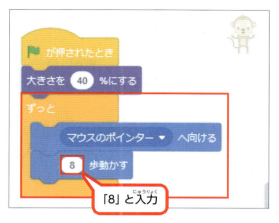

3 「ずっと」ブロックに動きのブロックをはめ込む

『制御』の「ずっと」ブロックをつなげて、中に『動き』の「マウスポインターへ向ける」と「○歩動かす」ブロックを入れます。
「○歩動かす」ブロックの数字は「8」に変えましょう。

4 プログラムを実行して動きを確認する

🚩をクリックしてプログラムを実行してみましょう。
マウスを動かしている間はスムーズに動きますが、マウスを止めるとポインターの位置でサルがものすごい速さで回転してしまいます。

★ サルの動きをなおそう

マウスが止まったときに、サルが回転しないようにするにはどうしたらいいでしょう？
なぜサルが回転してしまうかというと、マウスを止めると、スプライトとマウスポインターの座標が同じになってしまい、スプライトがどこを向けばいいのかわからなくなってしまうからなのです。これを解決するには、スプライトとマウスポインターが、いつも離れているようにすればいいのです。

どう変えればいいのかな……。

スプライトとマウスポインターが離れているときだけ動かすって考えてみたらどう？

5 ゲームを作ろう

123

1 「もし〜なら」ブロックで動きを調整する

「ずっと」ブロックの中に、『制御』の「もし〜なら」ブロックを追加します。追加する位置に注意しましょう。
次に、「もし〜なら」ブロックの六角形のくぼみに、『演算』の「○>○」ブロックを入れます。

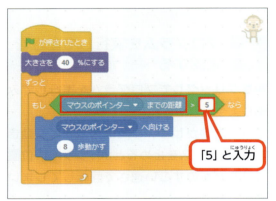

2 「もし〜なら」ブロックで条件を設定する

「○>○」ブロックの左側の○に『調べる』の「マウスポインターまでの距離」ブロックを入れ、右側の数字を「5」に変えましょう。
プログラムを実行して、マウスを止めてもサルが回転しないことを確認しておきましょう。

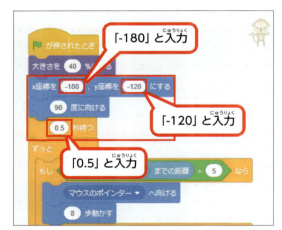

3 ゲーム開始の状態を設定する

最後に、いつも同じ状態でゲームが始まるように設定します。
「大きさを○%にする」ブロックの下に、『動き』の「x座標を○、y座標を○にする」「○度に向ける」ブロック、『制御』の「○秒待つ」ブロックを追加します。x座標は「-180」、y座標は「-120」、待つ時間は「0.5」秒にします。

なんで0.5秒待つの？

🏁をクリックしてすぐに動き始めると、おさるさんが🏁に向かって歩いちゃうでしょ？

LESSON 3 フルーツの動きを作ってみよう

次は、サルが取るフルーツの動きを作ります。フルーツを1つ取ると次に出てくるフルーツの種類が変わるように、いろいろなフルーツのコスチュームを持ったスプライトを作りましょう。

5 ゲームを作ろう

★ サルが取るフルーツを準備しよう

フルーツの種類がリンゴ→バナナ→オレンジ→イチゴの順番に切り替わるように、最初に表示するリンゴのスプライトに、ほかのフルーツをコスチュームとして追加します。

1 リンゴのスプライトを追加する

スプライトリストの「スプライトを選ぶ」をクリックして、「食べ物」カテゴリーの「Apple」を選びます。

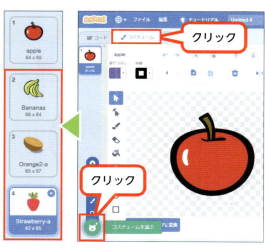

2 コスチュームを追加する

スプライトリストで「Apple」を選んでいる状態で、[コスチューム] タブをクリックします。

ペイントエディターの「コスチュームを選ぶ」をクリックし、「食べ物」カテゴリーから「Bananas」「Orange2-a」「Strawberry-a」を追加します。

125

フルーツをステージに置こう

ゲームが始まったときのフルーツは、同じ位置に表示されるようにします。サルの反対側にリンゴを表示するプログラムを作りましょう。フルーツは70％に縮小して使います。

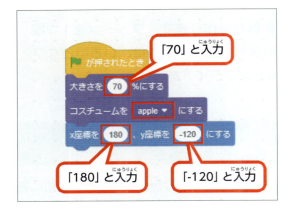

1 フルーツの位置を決める

[コード] タブに切り替えて、『イベント』の「■が押されたとき」ブロック、『見た目』の「大きさを○％にする」「コスチュームを～にする」ブロック、『動き』の「x座標を○、y座標を○にする」ブロックをつなげます。
大きさは「70」、コスチュームは「apple」、x座標は「180」、y座標は「-120」にします。

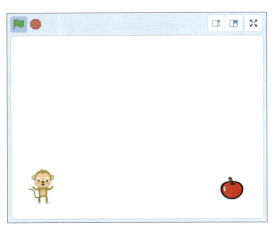

2 プログラムを実行して動きを確認する

■をクリックして、動作を確かめてみましょう。サルと反対側にフルーツが表示されます。

これで、ゲームが始まるときのフルーツの位置を決めるプログラムができたよ。

フルーツにおさるさんが触っても何も起きないね。

そうね～。今度はそこの動きを作っていこっか！

LESSON 4 フルーツを取ったときの動きを作ってみよう

ここまでのプログラムでは、サルがフルーツのところに行っても、何も起こりません。サルがフルーツを取ったら、得点が増えるようにしましょう。

★ サルがフルーツを取ったときの動きを追加しよう

サルがフルーツに触ったら、フルーツを取れることにします。
サルがフルーツに触ったかどうかを調べて、触ったら喜んで鳴き声を出すように、ブロックを追加しましょう。

「Apple」を選ぶ

1 サルがフルーツに触ったことを調べる

スプライトリストで「Monkey」を選び、サルの[コード]タブに切り替えます。
「もし〜なら」ブロックの下に、『制御』の「もし〜なら」ブロックを追加します。追加する位置に注意しましょう。
「もし〜なら」ブロックの六角形のくぼみには、『調べる』の「〜に触れた」ブロックを入れ、▼をクリックして「Apple」を選びます。

5 ゲームを作ろう

127

2 サルがフルーツを取ったら、鳴き声を出す

追加した「もし〜なら」ブロックの中に、『音』の「音量を○％にする」と「Chee Cheeの音を鳴らす」ブロックを追加します。音量は「30」にしましょう。

「Chee Chee」はサルの鳴き声なんだね。

★ サルがフルーツを取ったことを伝えよう

サルがフルーツを取ると、フルーツはいったん消えて、別の場所に別のコスチュームで出現します。このプログラムは「Apple」のスプライトに作ります。

しかし、サルがフルーツを取ったかどうかは、「Monkey」のスプライトのプログラムで調べるので、サルがフルーツを取ったとき、そのことを「Monkey」から「Apple」に伝える必要があります。

スプライトから別のスプライトに何かを伝えるときは「メッセージ」を使います。メッセージは送る側と受け取る側の両方のスプライトにブロックを追加します。ここでは、「Monkey」が送る側で、「Apple」が受け取る側になります。メッセージが届くと、それがきっかけとなって受け取った側のプログラムが動き始めます。

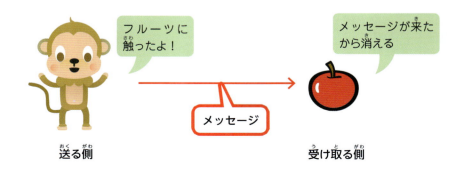

メッセージを送るには、『イベント』グループの「〜を送る」ブロックを使います。メッセージは、フルーツを取ったときに送信するので、サルのスプライトの「もしAppleに触れたなら」ブロックの中に入れましょう。

1 メッセージを送るブロックを追加する

サルのコードが表示されていることを確認します。
下側の「もし〜なら」ブロックの中に、『イベント』の「メッセージ1を送る」ブロックを追加します。
「メッセージ1」の▼をクリックし、**「新しいメッセージ」を選びます**。

2 メッセージを入力する

「新しいメッセージ」画面が表示されるので、**「新しいメッセージ名」に「取ったよ」と入力**して、**「OK」をクリック**します。

3 ブロックを確認する

新しいメッセージが登録され、ブロックにメッセージ名の「取ったよ」が表示されたことを確認します。
これで、サルがフルーツを取ったときに「取ったよ」というメッセージを別のスプライトに送ることができます。

サルに取られたときのフルーツの動きを作ろう

今度は、フルーツのスプライトでメッセージを受け取ったあとの動きを作りましょう。
サルに取られたフルーツは、いったん消えて、ちょっと時間をおいて、別の場所に表示されるようにします。メッセージを受け取ったあとの動きは、『イベント』グループの「〜を受け取ったとき」ブロックを先頭にして、ほかのブロックをつなげます。

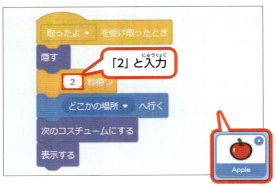

1 メッセージを受け取ったら、コスチュームを変える

スプライトリストの「Apple」を選びます。コードエリアにあるブロックとつながらないように、『イベント』の「〜を受け取ったとき」ブロックを置き、▼をクリックして「取ったよ」を選びます。次に、左の図のようにブロックをつなげて、待つ時間を「2」秒に変えましょう。

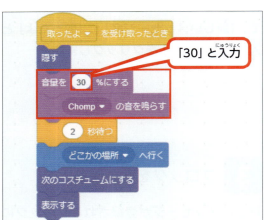

2 メッセージを受け取ったら、音を出す

フルーツが消えるときに、食べるような音を鳴らしましょう。
「隠す」ブロックの下に、『音』の「音量を○%にする」と「〜の音を鳴らす」ブロックを追加します。音量は「30」にし、「Chomp」はそのままにします。Chompが食べる音です。

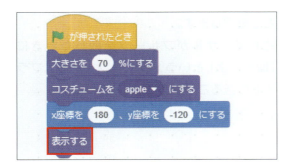

3 フルーツが必ず表示されるようにする

フルーツが消えたままでゲームを開始すると、フルーツは表示されません。「🚩が押されたとき」ブロックの一番下に、『見た目』の「表示する」ブロックを追加しておくと解決できます。

130

★ サルがフルーツを取ったら得点を増やそう

サルがフルーツを取ったら、得点を増やして表示するしくみも作りましょう。
得点は、ゲームが始まるときに0点に設定し、フルーツを取るたびに1点ずつ増やします。ゲームが動いている間、得点の数字を覚えておく必要があります。数字を覚えるには「変数」を使います。変数は、プログラムの中で数字や文字などを覚えておく箱のようなものです。名前を付けて変数を作っておくと、変数の持っている数字や文字を調べたり、変更したりできます。

得点の数字を覚えるための変数を作ってみましょう。

1 新しい変数を作る

スプライトリストで「Monkey」を選び、サルのコードに切り替えます。
『変数』の「変数を作る」をクリックします。

2 変数名を指定する

「新しい変数」画面の「新しい変数名」に「得点」と入力します。「すべてのスプライト用」を選んで、「OK」をクリックします。

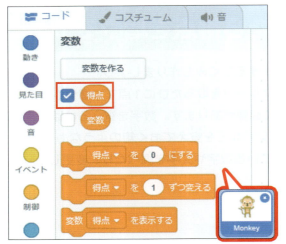

3 変数名のブロックが追加される

変数を作ると、ブロックパレットに変数名のブロックが追加されます。
変数名のブロックは、チェックがオンになっていると、ステージに変数が表示されます。ブロックパレットに「得点」が追加され、左側の**チェックがオンになっていることを確認**しておきましょう。

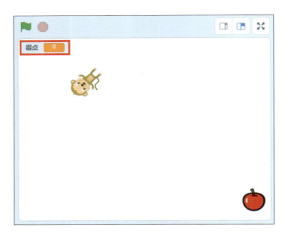

4 ステージに得点が表示される

ステージの左上に「得点」が表示されていることを確認しましょう

POINT　変数の使える範囲を知っておこう

新しい変数を作る画面で、「すべてのスプライト用」と「このスプライトのみ」のどちらかを選びましたが、これは変数を使える範囲をどうするかを決めていました。
「すべてのスプライト用」を選ぶと、プロジェクト内のどのスプライトからも使える変数を作ります。
「このスプライトのみ」を選ぶと、変数が置いてあるスプライトの中だけで使える変数になります。この種類で変数を作った場合、ほかのスプライトでも同じ名前の変数を作ることはできますが、別の変数として扱われるので注意しましょう。

変数をプログラムに組み込もう

変数を作っただけでは、得点を覚えておくための箱が用意されただけで点数はカウントされません。得点がカウントされるように、サルのプログラムにブロックを追加しましょう。

1 変数を使った2つのブロックをつなげる

「▶が押されたとき」ブロックの下に、『変数』の「得点を〇にする」と「変数「得点」を表示する」ブロックをつなげます。
「変数「得点」を表示する」ブロックを追加しておくと、ブロックパレットの「得点」のチェックがオフになっても、ステージに得点が表示されます。

2 フルーツを取ったら得点を増やす

下側の「もし〜なら」ブロックの中に、『変数』の「得点を〇ずつ変える」ブロックを追加します。1点ずつ増やすので、数字は「1」のままにします。

得点がカウントされる

フルーツを取るたびに得点が増えるね。

3 プログラムを実行して動きを確認する

得点部分ができました。▶をクリックして、サルがフルーツを取るたびに得点が増えることを確認しましょう。

次は、もっとゲームらしい要素を足していくよ。

5 ゲームを作ろう

LESSON 5 カニの動きを作ってみよう

サルとフルーツの動きができましたが、サルをじゃまする敵のキャラクターがいません。このレッスンでは、サルの敵キャラとして、カニの動きを作っていきましょう。

★ カニの動きを作ろう

カニのスプライトを追加して、敵キャラを作りましょう。カニはコスチュームを2種類持っていますが、足の形はどちらも同じです。足を動かしながら歩いて見えるように、コスチュームも編集しましょう。

1 カニのスプライトを追加する

スプライトリストの「スプライトを選ぶ」をクリックして、「動物」カテゴリーの「Crab」を選びます。

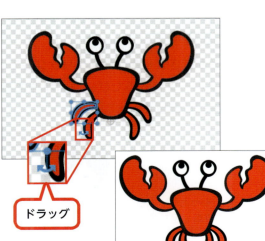

2 カニの足を動かす

[コスチューム] タブに切り替え、「crab-b」の足の矢印（ハンドル）をドラッグしたり移動したりして、回転させましょう。

3 カニの動きを作る

[コード] タブに切り替えて、左の図のようにブロックをつなげます。
大きさは「40」％、歩数は「5」、待つ時間は「0.06」秒に変えましょう。

数字を自分でいろいろ工夫してみるのもおもしろいね。

★ カニを行ったり来たりさせよう

ここまでのプログラムでは、カニはステージの右端に行くと戻ってきません。「もし端に着いたら、跳ね返る」ブロックを使うと、カニがステージで行ったり来たりするようになります。また、ゲームを始めるときのカニの位置がステージ中央になるように設定しましょう。

「0」と入力

「60」と入力

1 動きを追加する

「🏁が押されたとき」ブロックの下に、『動き』の「x座標を○、y座標を○にする」「○度に向ける」ブロックを追加します。
座標はどちらも「0」、角度は「60」に変えておきましょう。
次に、「○秒待つ」ブロックの下に、『動き』の「もし端に着いたら、跳ね返る」ブロックを追加します。

2 プログラムを実行して動きを確認する

🏁をクリックして、カニが歩き回るようになったことを確認しておきましょう。

カニがサルを挟んだことを伝えよう

カニがサルに触られたら、カニがサルをはさみで挟んでゲームオーバーにします。ここでも「メッセージ」を使います。カニがサルに触られたら「はさんだよ」というメッセージを送信し、サルが「はさんだよ」のメッセージを受け取ったらゲームオーバーを実行するという流れです。ゲームオーバーになったことがわかるように、サルがメッセージを受け取ったら音も鳴らしてみましょう。

1 メッセージを送るブロックを追加する

カニの「もし端に着いたら、跳ね返る」ブロックの下に、『制御』の「もし~なら」ブロックを追加します。

「もし~なら」ブロックの六角形のくぼみには、『調べる』の「~に触れた」ブロックを入れ、「Monkey」を選びます。

次に、追加した「もし~なら」ブロックの中に、『イベント』の「~を送って待つ」ブロックを追加します。

▼をクリックして、「新しいメッセージ」を選び、「はさんだよ」を作ります。

2 ゲームオーバーの音を追加する

スプライトリストで「Monkey」を選び、[音]タブに切り替えます。

左下の「音を選ぶ」をクリックし、「効果」カテゴリーの「Oops」を選びます。

3 ゲームオーバーの音を鳴らす

「60」と入力

[コード] タブに切り替えて、『イベント』の「〜を受け取ったとき」ブロックを置き、▼をクリックして「はさんだよ」を選びます。
次に、左の図のようにブロックをつなげて、音量は「60」％、音の種類を「Oops」に変えましょう。

POINT メッセージを「送る」と、「送って待つ」の違い

メッセージを送るブロックには「〜を送る」と「〜を送って待つ」の2種類があります。
「〜を送る」はメッセージを送るだけに対し、「〜を送って待つ」はメッセージを受け取った側（サル）のプログラムが終わるまで、メッセージを送った側（カニ）のプログラムの動きを止めることができます。
つまり、ゲームオーバーの音が鳴り終わるまで、カニのプログラムが実行されないため、この間はカニはサルを挟まないようになります。

★ ゲームオーバーになったらスプライトの動きを止めよう

まだ今の状態では、ゲームオーバーの音が鳴ってもゲームは続けられます。ゲームオーバーの音が鳴ったら、すべてのスプライトの動きを止めて、ゲームを終了しましょう。すべてのスプライトの動きを止めるには、制御グループの「すべてを止める」ブロックを使います。
また、ゲームオーバーになったことがわかるように、カニに挟まれたら「かににはさまれちゃった！」「ゲームオーバーになっちゃった」と、サルにセリフを表示しましょう。セリフは、見た目グループの「〜と言う」ブロックで表示できます。

1 「すべてを止める」ブロックをつなげる

『制御』の「すべてを止める」ブロックを一番下につなげます。

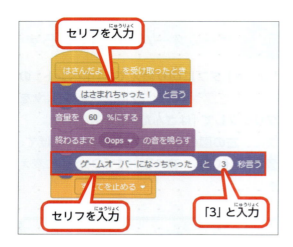

2 セリフでゲームオーバーを知らせる

「はさんだよを受け取ったとき」ブロックの下に、『見た目』の「○と言う」ブロックを追加して、文字を「はさまれちゃった！」に変えます。
次に「終わるまでOppsの音を鳴らす」ブロックの下に、『見た目』の「○と○秒言う」ブロックを追加して、文字を「ゲームオーバーになっちゃった」、数字を「3」に変えます。

3 プログラムを実行して動きを確かめよう

▶をクリックしてプログラムを実行し、カニに触ってみましょう。きちんとセリフが表示され、ゲームオーバーになれば成功です。

ゲームオーバーの動きまでできたけど、背景が寂しいかな？

じゃあ今度は、背景も作ってみよう！

POINT 「○と言う」と「○と○秒言う」の違い

セリフを表示するブロック「○と言う」と「○と○秒言う」には、次のような違いがあります。
「○と言う」はセリフを表示したら、次のブロックを実行します。セリフは、次に別の「言う」が実行されるまで、そのまま表示されています。
「○と○秒言う」は、セリフを表示する以外に、指定した秒数だけプログラムが止まり、指定した秒数が経過するとセリフが消えます。

LESSON 6 背景を使ってカニが動ける範囲を決めよう

このレッスンでは、ステージの背景を描いてみましょう。
また、カニが池の中だけ動けるようにプログラムもなおします。

★ 背景を描こう

ここまでは、まっ白な背景の上でスプライトを動かしてきましたが、次のような背景を自分で描いて設定してみましょう。草原の中に丸い池がある……とイメージしながらヒントを参考に描いてみましょう。操作方法は、P.95のPOINTを参考にしてね。

背景のイメージ

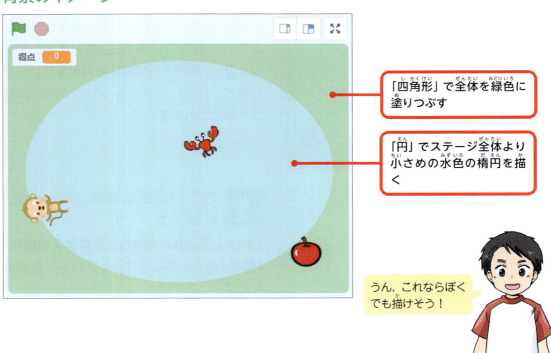

「四角形」で全体を緑色に塗りつぶす

「円」でステージ全体より小さめの水色の楕円を描く

うん、これならぼくでも描けそう！

★ カニがある色に触れたら向きを変えよう

ここまで、カニはステージの端に着いたら向きを変えるようにしていました。今度はステージの端ではなく、楕円の端に着いたら向きを変えるようにします。
カニが楕円の端に着いたかどうかは、楕円の外側にある長方形の範囲に入ったかどうかで判断します。それには調べるグループの「○色に触れた」ブロックを使います。

1 条件を判断するブロックに置き換える

スプライトリストで「Crab」を選び、[コード] タブに切り替えます。「端に着いたら、跳ね返る」ブロックを外し、その位置に『制御』の「もし～なら」ブロックを入れ、六角形のくぼみに『調整』の「○色に触れた」ブロックを入れます。

2 条件の色を決める

「○色に触れた」ブロックの○をクリックします。一覧の下にある 🎨 (スポイト) をクリックし、楕円の外の緑色の部分をクリックします。「○色に触れた」ブロックの○に緑色が設定されます。

3 カニの向きを演算ブロックで計算する

「もし○色に触れたなら」ブロックの中に、『動き』の「○度に向ける」ブロックを追加します。
このブロックの○に『演算』の「○＋○」ブロックを入れます。

4 カニを反対に向かせる

「○＋○」ブロックの左側の○に『動き』の「向き」ブロックを入れ、右側の○に「180」と入力します。

「向き」ブロックは、今のスプライトの向いている角度を調べるブロックです。

スプライトが向いている角度を調べて、それに180を足すことで、反対を向かせているんだよ。

5 プログラムを実行して動きを確認する

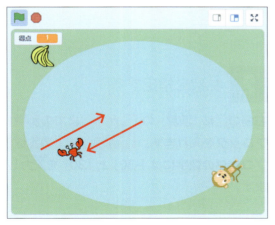

🚩をクリックしてプログラムを実行すると、カニが楕円の端まで行くと、折り返して移動してきます。

カニが池の中だけ動くようになったよ！

ちょっと動きがわかりやすすぎるかも……。

カニの動きをパワーアップさせよう

ずいぶんゲームらしくなってきましたが、このままではカニの動きに変化がありません。カニが向きを変えるときに、ランダムな要素を加えてみましょう。演算グループの「○から○までの乱数」ブロックを使うと、指定した範囲の数をランダムに作ってくれます。

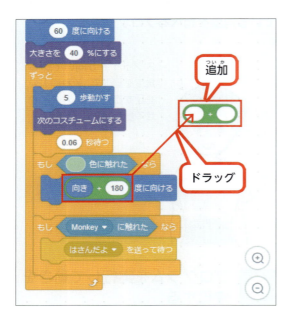

1 カニの向きをランダムにする

カニの向きは、今の「向き＋180度」に「30」から「-30」まで範囲の乱数を足した角度にします。
角度を計算する演算ブロックを組み立ててからコード内のブロックに追加しましょう。
『演算』の「○＋○」ブロックをコードエリアの空いているところに追加します。
左側の○に、「○度に向ける」ブロックに組み込んでいる「向き＋180」をドラッグして入れます。

2 乱数を指定する

右側の○に『演算』の「○から○までの乱数」ブロックを入れます。「○から○までの乱数」ブロックの数字には「-30」と「30」を入力します。

3 作った演算ブロックを戻す

組み立てた「○+○」ブロックを、「○度に向ける」の○に入れます。

4 プログラムを実行して動きを確認する

▶をクリックしてプログラムを実行すると、カニが楕円の端でいろいろな方向に向きを変えることが確認できます。

★ カニの数を増やそう

カニが1匹だけだとかんたんすぎるので、カニの数を増やしましょう。「Crab」のスプライトを複製するだけで、これまでに組み立ててきたブロックもすべてコピーされます。あとは、別々の向きに動くように少しだけ調整します。

1 カニの数を増やす

スプライトリストの「Crab」を右クリックして、「複製」を選びます。2つ複製して「Crab2」と「Crab3」を作ります。これでカニのスプライトが3つになりました。

2 カニの最初の向きを変える

ゲームがスタートしたときはカニは同じ位置にいるので、動く向きを変えましょう。
1匹目は「0」度、2匹目は「120」度、3匹目は「-120」度にすれば、真ん中から3方向に進みます。
スプライトリストで「Crab」「Crab2」「Crab3」にそれぞれ切り替えて、角度を入力しましょう。

これでみんな別々の向きに動いてくれるわ。

3 プログラムを実行して動きを確認する

▶をクリックしてプログラムを実行すると、カニが3匹別々の方向に動き始めます。
ゲームの難易度が上がったかな？

これで完成だー！

でも、まだちょっと動きが気になるところもあるな〜。

うんうん、作り込んでくといろいろ気になるよね。じゃあ、次はそのあたりに手を入れてみよっ！

LESSON 7 ゲームを動かして調整しよう

ゲームは、実際に遊んでみるまでわからないことや気付かないこともあります。ゲームの仕上げとして、気付いたことや気になっていることを調整していきましょう。

★ カニの動きをスムーズにしよう

ゲームで遊んでいると、カニの動きが気になります。楕円の端にぶつかったときに、カニがぐるぐる回ってしまうことがあります。
これは、カニが向きを変えるときに体の一部が楕円からはみ出てしまうことが原因です。
解決方法はいくつか考えられますが、向きを変える前に少しだけカニを内側に動かして、体が楕円の外にはみ出ないようにするというのはどうでしょう？
では、このように変更するとしたら、どのブロックを使えばいいかな？

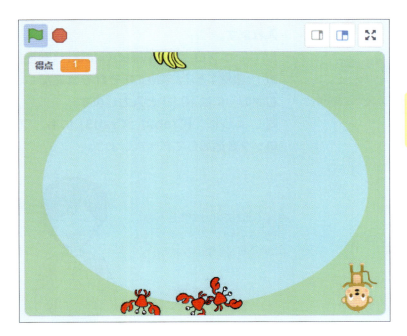

こうやって調整していくことを「デバッグ」というのよ！

5 ゲームを作ろう

145

ここでは、動きグループの「x座標を○、y座標を○にする」ブロックを使ってみましょう。
あとは座標をどうするか考えます。
動きグループの「x座標」「y座標」ブロックを使うと、楕円の端にぶつかったときの座標がわかるので、その座標に「0.9」を掛けると、楕円の少し内側の座標になります。
カニが向きを変える前にブロックを追加しないといけないので、「(向き＋180＋30〜-30までの乱数)度に向ける」ブロックの前に、「x座標を○、y座標を○にする」ブロック追加してみましょう。

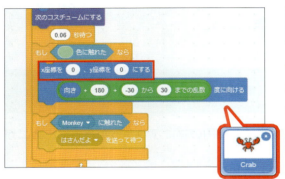

1 座標を変えるブロックを追加する

スプライトリストで「Crab」を選びます。
「もし○色に触れたなら」と「(向き＋180＋30〜-30までの乱数)度に向ける」ブロックの間に、『動き』の「x座標を○、y座標を○にする」ブロックを追加します。

「0.9」と入力

2 座標を指定する

「x座標を○、y座標を○にする」ブロックの両方の○に、『演算』の「○＊○」ブロックを入れます。
「○＊○」ブロックの左側の○には、『動き』の「x座標」と「y座標」をそれぞれ追加し、右側の○には「0.9」と入力します。
同じように、「Crab2」「Crab3」にも、ブロックを追加しておきましょう。

「×（かける）」はブロックの中では「＊（アスタリスク）」という記号を使うのよ！

146

★ カニに挟まれたサルの表情を変えよう

サルはフルーツを取っても、カニに挟まれても、表情を変えません。カニが挟まれたら、顔や体を赤くする効果を付けてみましょう。
Monkeyには「monkey-a」、「monkey-b」、「monkey-c」という3つのコスチュームが用意されています。ここでは、「monkey-a」をコピーして「monkey-a2」というコスチュームを作り、その顔や体を赤くして使います。

1 「monkey-a」コスチュームをコピーする

スプライトリストの「Monkey」を選び、[コスチューム] タブに切り替えます。
「monkey-a」のコスチュームを右クリックして、「複製」を選びます。

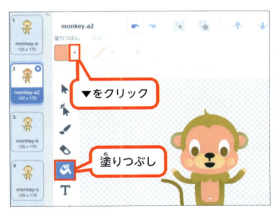

2 顔と体の色を変える

「monkey-a2」を選んでいることを確認し、ペイントエディターの上側の「塗りつぶし」の▼をクリックし、赤色に変えます。
(色の目安：「3」「50」「100」)
ペイントエディターの左側の「塗りつぶし」を選び、サルの顔をクリックします。同じように、耳と体も赤色にします。

3 目の位置を変える

片目を上に向かせて、目が回っているような雰囲気を出してみましょう。
ペイントエディターの「選択」を選び、右側の瞳の部分を選択して、上方向にドラッグします。
瞳の部分の選択を解除して、コスチュームを確認しておきましょう。

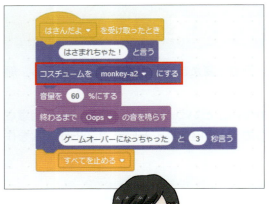

4 コスチュームを切り替える

[コード] タブをクリックして切り替えます。顔と体が赤くなるのは、カニに挟まれたあとになるので、「はさんだよを受け取ったとき」のコードの中にブロックを追加します。
「はさまれちゃった！と言う」ブロックの下に、『見た目』の「コスチュームを～にする」ブロックを追加し、「monkey-a2」を選びます。

新しくゲームを始めるとき、「monkey-a2」のコスチュームのままになっちゃうね。

5 ゲームが始まるときはもとのコスチュームを選ぶ

ゲームが始まるとき、コスチュームをもとの「monkey-a」にするブロックを追加します。「▶が押されたとき」のコードの中にある「変数 得点を表示する」ブロックの下に、「コスチュームを～にする」ブロックを追加し、「monkey-a」を選びます。

6 ゲームを動かしてみる

サルがカニに挟まれて「はさまれちゃった！」というセリフが表示されると、サルの顔と体が赤くなり、目が回った状態のコスチュームに切り替わります。

★ ゲームオーバーになったら動きを止めよう

ゲームでしばらく遊んでみると、サルがカニに挟まれたあとも、しばらくゲームを続けることができることに気付くでしょう。場合によってはさらにフルーツを取ることができてしまいます。このようにプログラムでうまく動かない点を「バグ」といいます。最後に、このバグをなおして、ゲームを完成させましょう。

サルがカニに挟まれたとき、やるべきことは2つあります。1つはサルの動きを止めること、もう1つはカニがサルを挟まないようにすることです。ここでは、「動ける」という新しい変数を作り、この変数が「0」になったらプログラムが止まるようにします。

オレ、すごい裏技発見しちゃったかも……。カニに当たり続ければ、ずっとゲームできるよ！

それは裏技じゃなくて「バグ」ね……。最後にここ、なおしましょ。

POINT どうしてバグが起こるの？

ゲームオーバーになってもゲームが続けられるのは、カニに挟まれてからプログラムが止まるまでに3秒間かかるためです。この3秒間が経過する前にカニに挟まれると、ゲームオーバーのイベントが再度発生し、また3秒間数えなおすことになってしまうのです。つまり、3秒以内にカニに当たり続ければ、ずっとゲームできるわけですね。

1 新しい変数を作る

スプライトリストで「Monkey」を選んでいることを確認します。

『変数』の**「変数を作る」**をクリックし、新しい変数を作成しましょう。

変数名は「動ける」にし、「すべてのスプライト用」を選んで、[OK]をクリックします。

2 ゲームオーバーのときにサルを動けなくする

サルがカニに挟まれたとき、変数「動ける」を「0」に変えます。

「はさんだよを受け取ったとき」ブロックの**下**に、**『変数』**の**「～を○にする」**ブロックを**追加**します。変数名が「動ける」になっていることを確認し、**数字は「0」**にします。
これは「動けなくする」という意味です。

3 ゲームを始めたときはサルを動けるようにする

ゲームが始まったら、変数「動ける」を「1」にします。

「▶が押されたとき」ブロックの**下**に、**『変数』**の**「～を○にする」**ブロックを**追加**し、変数名が「動ける」になっていることを確認し、**数字を「1」**にします。

4 変数「動ける」を調べてからサルを動かす

変数「動ける」が「1」のときだけ、サルがマウスポインターに向かって動くようにします。

「マウスポインターへ向ける」と**「8歩動かす」**ブロックが中に入るように、**『制御』**の**「もし～なら」**ブロックを**追加**します。
「もし～なら」ブロックの六角形のくぼみに、「動ける＝1」となるように、**『演算』**の**「○＝○」**ブロックと**『変数』**の**「動ける」**ブロックを組み合わせます。

5 変数「動ける」を調べてからカニはサルを挟む

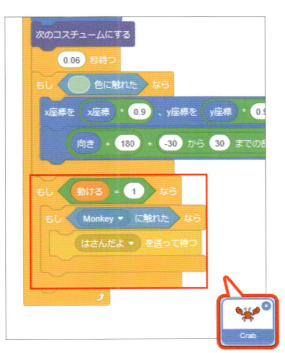

カニがサルを挟むプログラムも、変数「動ける」が「1」のときだけ、サルを挟むようにします。

スプライトリストの「Crab」を選びます。
「もしMonkeyに触れたなら」ブロックが中に入るように、『制御』の「もし〜なら」ブロックを追加します。
「もし〜なら」ブロックの六角形のくぼみに、「動ける＝1」となるように、『演算』の「○＝○」ブロックと『変数』の「動ける」ブロックを組み合わせます。
同じように、**「Crab2」「Crab3」にもブロックを追加**しておきましょう。

6 「動ける」を非表示にする

新しい変数を作ると、自動的にチェックがオンになって、変数がステージの左上に表示されます。「動ける」は表示しておく必要はないので、この**チェックをオフ**にしておきましょう。

※確認できたら、「サルカニ合戦」と名前を付けて、自分のパソコンの「ドキュメント」フォルダーに保存しておきましょう。

これでゲームオーバーの問題も解決だね♪

友だちにも遊んでもらおうよ！

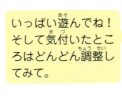

いっぱい遊んでね！そして気付いたところはどんどん調整してみて。

ゲームを作ろう

チャレンジ問題 ❶ 答えはP.156

「サルカニ合戦」をもっと変えてみよう！
フルーツを取ったら、サルが「フルーツ取ったよ！」とセリフを言うように変更しよう。
セリフは、すぐに消えてゲームが続けられるようにします。

※操作をはじめる前に、レッスン7で保存した「サルカニ合戦」を開いておきましょう。

チャレンジ問題 ❷ 答えはP.157

フルーツが2個表示されるように変更しよう。
スタートのときのフルーツの位置は、重ならないように調整してね。

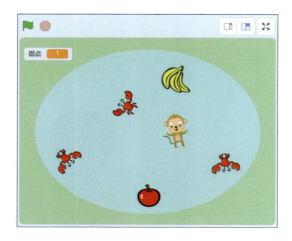

スプライトを複製しただけだと、片方のフルーツを取ったら、もう片方も消えちゃうよ！別々の動きにするには、どうしたらいいかな？

チャレンジ問題　解答

CHAPTER 2　スプライトを動かしてみよう

チャレンジ問題 ❶
スプライト1

チャレンジ問題 ❷
Apple

スプライト1

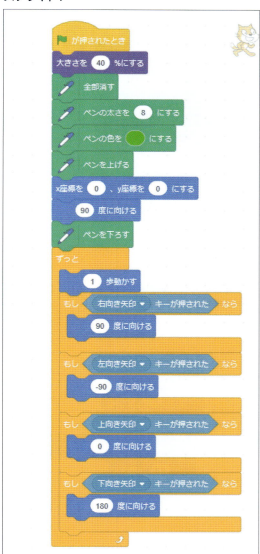

153

CHAPTER 3 　見た目を変化させよう

チャレンジ問題 ❷

パンダ

CHAPTER 4 　音を鳴らしてみよう

チャレンジ問題 ❶

スプライト1

Bell

そのほかのBellは
ここの数字を変える

チャレンジ問題 ❷

スプライト1

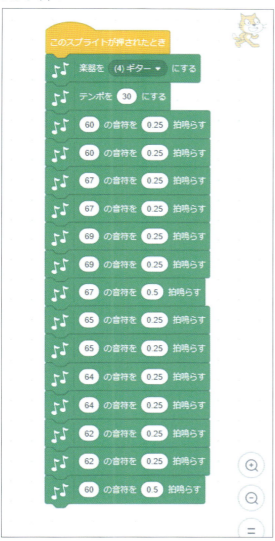

曲にあった背景を追加してもいいね。

CHAPTER 5 ゲームを作ろう

チャレンジ問題 ❶

Monkey

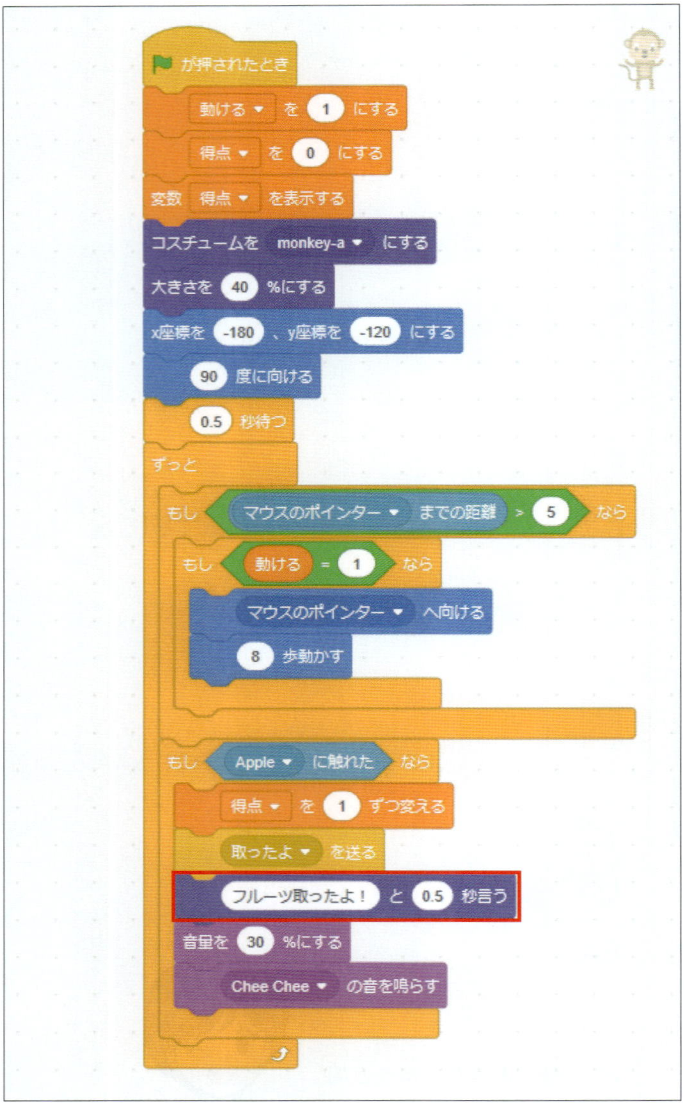

チャレンジ問題 ❷

Monkey

Apple2

さくいん

記号・アルファベット

○秒待つ	69
○歩動かす	36
～の音を鳴らす	100
～を受け取ったとき	130
～を送って待つ	137
～を送る	129, 137
C型ブロック	23
Microsoft Edge	14
Scratch	9, 14
Scratch デスクトップ	18
x座標	40
y座標	40

あ行

アカウント	15
新しいスプライトの作成	87
新しいプロジェクトの作成	36
アニメーション	66
イベント	23, 129
色が変わるしくみ	76
色の効果	74, 79
動き	23
エディター画面	20
演算	23
奥に下げる	88
音	23
音の高さ	101, 115

音の追加	101
音の長さ	115
音の編集	104
オフラインエディター	18
音階	114
音楽	112
音声合成	110
音符	115
オンライン版	14

か行

拡張機能	43
形を変える	89
楽器の演奏	112
共有	30
繰り返し	53
グループ化	88
グループ解除	88
ゲームオーバー	149
消しゴム	89
言語	21, 111
鍵盤	113
コード	20, 26
コードエリア	20
コードのコピー	109
コスチューム	66, 87

さ行

サインアウト	17
サインイン	17
座標	40
左右反転	89
三角形の内角	51

実行	27	プロジェクトを開く	32
上下反転	89	ブロック定義	23
条件分岐	57	ブロックの形	23
調べる	23	ブロックの削除	28
スクラッチキャット	24	ブロックの種類	22
スタックブロック	23	ブロックの複製	28
ずっと	29	ブロックパレット	20
ステージ	20	ブロックへの入力	38
スプライト	20, 24, 66, 87	ペイントエディター	88
スプライトリスト	20	ペン	43
スプライトを動かす	36, 55	変数	23, 131, 149
スプライトを保存／書き出し	95	ペンの太さや色	47
制御	23		
全角	38		
操作の取り消し	28		

ま行

マイク	102
見た目	23
メッセージ	127
メニューバー	20
もし〜なら	57
もっと	88

た・な行

中断	29
デバッグ	145
手前に出す	88
どこかの場所へ行く	46
塗りつぶし	88, 89

ら・わ行

乱数	142
録音	102
枠線	88
私の作品	30

は行

背景	24, 81, 95, 139
バグ	149
バックパック	20
ハットブロック	23
半角	38
ピッチ	101
筆	89
プロジェクト	30
プロジェクトの保存	31

FPT1907

2019年8月15日　初版発行
2020年9月27日　初版第2刷発行

　　著作・制作：富士通エフ・オー・エム株式会社

　　　　発行者：山下　秀二
　　　　発行所：FOM出版（富士通エフ・オー・エム株式会社）
　　　　　　　　〒105-6891　東京都港区海岸1-16-1 ニューピア竹芝サウスタワー
　　　　　　　　https://www.fujitsu.com/jp/fom/
　　　　印刷・製本：株式会社廣済堂
　　　　執筆協力：柴田　文彦
　　　　イラスト：かみじょーひろ
　　　　制作協力：リブロワークス（編集・デザイン・DTP・カバーデザイン）

●本書は、構成・文章・プログラム・画像・データなどのすべてにおいて、著作権法上の保護を受けています。
　本書の一部あるいは全部において、いかなる方法においても複写・複製など、著作権法上で規定された権利を侵害する行為を行うことは禁じられています。
●本書に関するご質問は、ホームページまたは郵便にてお寄せください。
　ホームページ
　上記ホームページ内の「FOM出版」から「QAサポート」にアクセスし、「QAフォームのご案内」から所定のフォームを選択して、必要事項をご記入の上、送信してください。
　郵便
　次の内容を明記の上、上記発行所の「FOM出版 テキストQAサポート」まで郵送してください。
　　◆テキスト名　　◆該当ページ　　◆質問内容（できるだけ詳しく操作状況をお書きください）
　　◆ご住所、お名前、電話番号
　※ご住所、お名前、電話番号など、お知らせいただきました個人に関する情報は、お客様ご自身とのやり取りにのみ使用させていただきます。ほかの目的のために使用することは一切ございません。
　なお、次の点に関しては、あらかじめご了承ください。
　・ご質問の内容によっては、回答に日数を要する場合があります。
　・本書の範囲を超えるご質問にはお答えできません。
　・電話やFAXによるご質問には一切応じておりません。
●本製品に起因してご使用者に直接または間接的損害が生じても、富士通エフ・オー・エム株式会社はいかなる責任も負わないものとし、一切の賠償などは行わないものとします。
●本書に記載された内容などは、予告なく変更される場合があります。
●落丁・乱丁はお取り替えいたします。

©FUJITSU FOM LIMITED 2019
Printed in Japan